杨顺顺 著

中国碳排放

区域分异、部门转移与市场衔接

CARBON EMISSIONS
IN CHINA

REGIONAL DIFFERENTIATIONS,
CARBON FLOW ACROSS INDUSTRIAL SECTORS
AND MARKETS LINKAGE

社会科学文献出版社
SOCIAL SCIENCES ACADEMIC PRESS (CHINA)

国家社会科学基金青年项目"我国工业部门碳排放转移路径及减排成本分担机制研究"（13CJY051）

湖南省社会科学院智库研究专项重点课题"中国'用能权＋碳排放'双市场配额优化及衔接机制研究"（18ZHB07）

目　　录

第一章

研究背景与研究框架

随着应对以气候变暖为主要特征的全球气候变化的举措由理论研究逐步转向实践操作，开发低碳技术、建立低碳产业、培育低碳金融、发展低碳经济成为各国推进可持续发展的共识。当前发达国家和发展中国家的碳排放空间和减排责任讨论和博弈越发敏感。我国政府先后于 2009 年哥本哈根会议、2015 年巴黎气候大会上承诺 2020 年中国碳强度较 2005 年下降 40% ~ 45%、中国将于 2030 年左右使 CO_2 排放达到峰值、2030 年中国碳强度较 2005 年下降 60% ~65%。这意味着中国未来碳减排目标更加明晰、任务更加艰巨，碳减排已由国际公约博弈和协商逐步转向自我约束、自觉行动和减排路径的合理性设计。

一　研究意义与研究目标

国际能源机构（IEA）数据显示，从 2007 年开始，中国已成为化石燃料消费造成的 CO_2 排放的最大排放国，中国的碳减排研究也从学理争论转向具体减排方案的技术经济测度和路径优化分析，并成为国内外学界研究的热点领域。低碳转型是经济增长、产业结构、需求结构、能源结构多重维度共同驱动的结果，近年来我国工业化和城镇化加速推进的规模前所未有，产业结构的自身演进规律和路径依赖效应，使得中长期内产业碳减排依然是中国碳减排的重中之重，其中又应以工业碳排放控制为核心和关键，[①] 而我国以煤为主的能源禀赋特点，导致仅依靠能源效率和结构的自身优化作用难以抵消经济中高速发展和总量扩张拉动的碳排放增长。本研究选择工业部门碳排放为重点研究对象，一方面，中国大部分的终端能源消费和绝大部分的碳排放直接发生在工业部门；另一方面，工业部门层次的减排目标操作性强且较易为国际协商机制所接受。

本书以论证如何在中国经济增长过程中实现我国提出的碳减排目标为背景，以分区域、分部门碳排放结构分析为切入点，以量化反映碳排放趋势和部门碳排放关联为特色，寻找未来中国以工业部门为重点的碳减排可行方案，对部门间碳排放转移路径和市场化减排机制的完善进行系统研究：①从理论层面，厘清部门间隐含碳转移现状和未来发展趋势，进一步丰富国内碳排放的研究板块；②从实践层面，我国碳减排已

---

① 目前工业碳排放量占全国碳排放总量的比例超过 80%，本书第二章有详细论述。

不是一个"是否做"的问题，而是"如何做"的问题，国际减排合作中各国由于排放权与减排责任相互指责、争论不休已给出了足够的前车之鉴。本书以中国碳排放总量核算和分部门碳排放趋势测算为大背景展开，进一步深入剖析工业部门间碳排放转移部门特征分类、现状路径和未来演变趋势，进而提出符合一般性与碳转移责任追溯要求的减排市场衔接机制。

本研究完成的研究目标及其出发点如下。

（1）科学选择核算方法，确定目前我国碳排放总量，并对其分（能源）品种、分区域、分部门解构，论述当前各区域、各部门碳排放的主要特征，以及以工业部门为碳排放研究重点领域的合理性。由当前社会经济和技术水平发展所处阶段决定，我国碳排放属于"生存排放"而非"奢侈排放"，未来经济发展要求和以化石能源为主的能源消费结构，决定了我国碳排放的总体规模和发展趋势，以工业部门碳强度控制为核心的减排方式，是我国低碳转型的阶段性特征和重要手段。

（2）将清单分析方法与能源规划目标相结合，基于数据的可获取性，以我国重要的战略发展区域（长江经济带）为案例，揭示在不同的减排策略和经济增长情景下，我国发达地区、中部地区、西部欠发达地区及各行业部门碳排放在2030年前的变动规律，量化论证在完成国家提出的2030年达峰目标前，各行业部门在我国各区域的减排贡献和未来的主要控制倾向。采用 LEAP（长程能源替代规划）模型从产业部门结构、能源消费总量、结构替代方面入手能较准确地把握我国分区域、分部门碳足迹历史特征与演变规律，形成较有特色的研究结论。事实上，在我国碳排放达峰前，工业碳排放的演变规律决定了我国碳排放的总体趋势，而能耗碳排放又在工业碳排放中处于重要地位（工业过程碳排放在远期可能产生更为重要的影响），把握工业碳排放和能耗碳排放的演变规律即把握了我国碳排放控制的关键。

（3）基于投入产出模型，实施中国工业部门间碳转移现状评价及部门分类，分析进出口碳转移盈亏，描绘中国工业部门间碳转移主导路径，从明晰责任的角度解决"为何要分担"的问题。中国相当数量的工业部门碳排放，并非用于本部门最终需求的生产，而是跟随产业链和中间需求转移到其他部门；而最终需求中也有相当可观的一部分用于支持出口而潜在影响本国福利水平。对于以直接碳排放为主的部门，应从优化能源结构、提高碳效率入手减排；对于产业链隐含碳传导而造成的高碳部门，应重点推动减量化等循环经济生产方式；对于国际贸易活跃部门，则应调整国际贸易分工角色和出口产品结构，从而实现各类高碳部门的分类管理。

（4）将投入产出模型与 RAS（双比例平衡）统计分析技术相结合，分析在惯性和达到规划目标不同情景下，我国工业部门间碳转移路径的稳定性、趋势性和内部优化动因，探讨未来工业部门间碳排放转移的变动方向和控制重点。各工业部门存在相互的生产与消费活动，部门的隐含碳转移通过产业链将部分减排责任从上游部门转移至下游部门，从受益与责任相匹配出发，部门中受益的生产者和消费者应承担共同减排责任。减排成本分担比例既要考察责任归属，又要顾及减排能力、潜力等经济技术因素。中国以化石能源为主的能源消费结构、工业化进程和居民基本需求都需要在碳排放总量控制上不能操之过急。将部门间碳转移纳入减排策略的考量范畴时，应该综合平衡历史性的责任转移补偿，以及面向未来的责任转移控制。

（5）在对各类碳减排机制适用性讨论的基础上，论述采用基于科斯规制的用能权/碳排放权交易机制，实现部门碳减排市场化运行的科学性和可行性，并运用部门间碳转移分析结论，对用能权/碳排放权交易机制的关键环节——配额分配机制进行量化设计，同时提出通过实施"用能权 + 碳排放权"双市场衔接机制进行市场完善的相关建议。相对于国际减排合作中由于国家利益冲突，对公平的关注远胜于效率的现状，国内各部门碳减排可以通过利益再分配的方法，实现公平与效率原则的协调运用。由于当前政府控制传统污染的压力高于控制碳排放，成本分担机制落实将以部门内平衡为主，政府分担和直接干预为辅。成本共同分担原则可以双向激励部门中的生产、消费方降低碳排放。碳减排优化方案是综合考虑部门承受能力、重要性、减排潜力、开放性、能源和碳效率、边际减排成本，对部门发展目标、减排约束、责任转移分摊反复权衡的结果。推进部门碳减排需要积极尝试从过多依赖行政手段向综合应用经济市场手段转变，未来的碳减排路径将是"政策扶持、技术创新、经济激励、市场培育"相结合的结果，建立部门能耗/碳的总量/强度控制标准，是市场化机制运作的前提，政府各项制度安排将是落实减排市场机制并体现效力的重要保障。

二　国内外研究进展评述

产业部门（特别是工业部门）是能源消耗和碳排放主导部门，也是技术改造易行、成本较低的碳减排部门，国内外学界对产业部门碳减排的研究主要集中在碳排放核算方法、碳排放驱动因素、碳排放—经济增长关系、隐含碳转移评估、碳排放环境规制、碳减排工艺技术等方面。

（一）产业部门碳排放测算方法研究

要明确产业部门碳排放在国家碳排放中的贡献和影响，首先必须存在一套科学合理的估算技术。IPCC 发布的国家温室气体清单指南（IPCC Guidelines for National Greenhouse Gas Inventories）给出了宏观尺度较权威的能源使用和工业过程碳排放测算方案，[1] 在学界得到广泛应用，本研究主要采用该套

① IPCC, "IPCC Guidelines for National Greenhouse Gas Inventories", Hayama: IGES for the IPCC, 2006.

排放因子。该指南中，涉及产业部门碳排放和核算的内容主要包括固定源、移动源燃烧，农业、工业、建筑业、服务业部门能耗碳排放主要参考固定源燃烧的排放因子，交通部门参考移动源燃烧的排放因子。其中，本研究对工业部门又进行了更为细致的分类测算，工业部门按门类分为能源工业、制造业两类；工业过程排放，涉及电子工业、金属工业、化学工业、采矿工业等；农业的土地利用碳排放等不属于能耗或工业过程的碳排放并未纳入本研究的核算范围。此外，美国橡树岭国家实验室①、中国国家发改委气候变化司等机构也发布了各类能源相应的碳排放因子，一般来说能耗碳排放的排放因子在各类研究中都比较接近，但工业过程碳排放的排放因子在不同研究则差距较大（这可能与工艺技术有关）。

（二）对影响碳排放驱动因素的考察

对影响碳排放驱动因素的考察，即考察推动中国和主要碳排放部门的碳排放量变动的关键因素是什么。这一研究领域由于方法相对成熟、规范，在目前工业碳排放研究中的学术报道最为集中。目前学界对碳排放驱动因素分析的主要方法有以下四类。

---

① Marland G., Boden T. A., Griffin R. C., et al., "Estimates of CO_2 Emissions from Fossil Fuel Burning and Cement Manufacturing, Based on the United Nations Energy Statistics and the US Bureau of Mines Cement Manufacturing Data", ORNL/CDIAC-25, Oak Ridge National Laboratory, 1989.

1. 基于各类恒等式形式的回归分析法

此类方法将影响碳排放的因素分解为多个因素的乘积来表示，经历了从 20 世纪 70 年代 Ehrlich 和 Ehrlich 提出的 IPAT 方程（即环境负荷可用人口、人均 GDP 和技术水平表征）至 Kaya 恒等式（将温室气体排放分解为人口、经济、技术、能源因素），① 直至随机回归影响 STIRPAT 模型等阶段，② STIRPAT 模型克服了 IPAT 模型的同比例线性假设的缺点。国内使用 Kaya 恒等式或 STIRPAT 模型分析碳排放因素的研究很多，③ 由于恒等式分解思路与指数分解法特征一致，Kaya 恒等式也常被用于 Divisia 方法的指标预处理步骤而联合使用。④

2. 指数分解法

指数分解法是最成熟的一类分解技术。主要的两类指数分

---

① Kaya Y., "Impact of Carbon Dioxide Emission on GNP Growth: Interpretation of Proposed Scenarios", Paris: Presentation to the Energy and Industry Subgroup, Response Strategies Working Group, IPCC, 1989.

② Dietz T., Rosa E. A., "Rethinking the Environmental Impacts of Population, Affluence And Technology", *Human Ecology Review*, 1994 (1).

③ 何维达、张凯：《我国钢铁工业碳排放影响因素分解分析》，《工业技术经济》2013 年第 1 期；吴英姿、都红雯、闻岳春：《中国工业碳排放与经济增长的关系研究——基于 STIRPAT 模型》，《华东经济管理》2014 年第 1 期；李健、王铮、朴胜任：《大型工业城市碳排放影响因素分析及趋势预测——基于 PLS - STIRPAT 模型的实证研究》，《科技管理研究》2016 年第 7 期。

④ 栗新巧、张艳芳、刘宏宇：《陕西省碳排放影响因素及其区域分异特征》，《水土保持通报》2014 年第 4 期；吴贤荣、张俊飚：《中国省域农业碳排放：增长主导效应与减排退耦效应》，《农业技术经济》2017 年第 5 期；王丽琼：《基于 LMDI 中国省域氮氧化物减排与实现路径研究》，《环境科学学报》2017 年第 6 期。

解法包括：19 世纪 60 年代发展出的 Laspeyres 指数（拉氏指数）法，其操作方法类似于单因素敏感性分析，最早用于企业销售业绩研究；20 世纪 20 年代提出的 Divisia 指数（迪氏指数）法，其每一个因素都对时间进行微分，又分为算术均值法（AMDI）和对数均值法（LMDI）。指数分解法相对于多元回归分析的主要优点是能克服多重共线性的问题。[1] Boyd 等首次采用迪氏指数进行了工业能耗分解分析，[2] Torvanger 采用迪氏指数法对影响 OECD 国家制造业碳排放的因素进行了研究，[3] 认为经济增长和能源价格上涨是碳强度下降的主要动因；Shrestha 和 Timilsina 的成果是较早涉及中国碳排放因素迪氏分解分析的研究，[4] 但 Ang 等的系列研究对国内相关研究影响最为广泛，[5] 其提出的迪氏指数的改进法（同时解决完全分解和零值问题，残差较大是拉氏指数法和迪氏指数法的共同问题）——对数均值 Divisia 指数法（LMDI）在国内碳排放驱动因素研究中得到了最广泛的应用。自

① Ang B. W., Zhang F. Q., "A Survey of Index Decomposition Analysis in Energy and Environmental Studies", *Energy*, 2000（12）.

② Boyd G. A., McDonald J. F., Ross M., et al., "Separating the Changing Composition of US Manufacturing Production from Energy Efficiency Improvements: A Divisia Index Approach", *Energy*, 1987（2）.

③ Torvanger A., "Manufacturing Sector Carbon Dioxide Emissions in Nine OECD Countries, 1973–87: A Divisia Index Decomposition to Changes in Fuel Mix, Emission Coefficients, Industry Structure, Energy Intensities and International Structure", *Energy Economics*, 1991（3）.

④ Shrestha R. M., Timilsina G. R., "Factors Affecting CO_2, Intensities of Power Sector in Asia: A Divisia Decomposition Analysis", *Energy Economics*, 1996（4）.

⑤ Ang B. W., Choi K. H., "Decomposition of Aggregate Energy and Gas Emission Intensities for Industry: A Refined Divisia Index Method", *Energy*, 1997（3）.

Wang、Wu 等国内学者在公开文献上较早对中国碳排放影响因素进行讨论后，[①] 徐国泉、王锋、陈诗一、蒋金荷、涂正革、国涓和刘长信、邵帅等多位学者均采用指数分解法对中国工业碳排放影响因素进行了分析。[②]

3. 基于投入产出模型的结构分解分析法（SDA）

相较于指数分解法，SDA 对数据要求较高，受制于投入产出表编制时限，只适用于跨期增量分解分析，无法进行连续时间序列分析，但其优势在于从需求结构出发，对 Leontief 逆矩阵效应的分析即对部门间技术经济关联的讨论，可以分析经济结构变动和最终需求变化导致的碳排放间接影响。[③] 目前国

---

① Wang C., Chen J. N., Zou J., "Decomposition of Energy-related CO$_2$ Emission in China", *Energy*, 2005（1）；Wu L., Kaneko S., Matsuoka S., "Driving Forces Behind the Stagnancy of China's Energy-Related CO$_2$ Emissions from 1996 to 1999: The Relative Importance of Structural Change, Intensity Change and Scale Change", *Energy Policy*, 2005（3）.

② 徐国泉、刘则渊、姜照华：《中国碳排放的因素分解模型及实证分析：1995～2004》，《中国人口·资源与环境》2006 年第 6 期；王锋、吴丽华、杨超：《中国经济发展中碳排放增长的驱动因素研究》，《经济研究》2010 年第 2 期；陈诗一：《中国碳排放强度的波动下降模式及经济解释》，《世界经济》2011 年第 4 期；蒋金荷：《中国碳排放量测算及影响因素分析》，《资源科学》2011 年第 4 期；涂正革：《中国的碳减排路径与战略选择——基于八大行业部门碳排放量的指数分解分析》，《中国社会科学》2012 年第 3 期；国涓、刘长信：《中国工业部门的碳排放：影响因素及减排潜力》，《资源与生态学报》（英文版）2013 年第 2 期；邵帅、张曦、赵兴荣：《中国制造业碳排放的经验分解与达峰路径——广义迪氏指数分解和动态情景分析》，《中国工业经济》2017 年第 3 期。

③ Hoekstra R., van der Bergh J. J. C. J. M., "Comparing Structural and Index Decomposition Analysis", *Energy Economics*, 2003（1）；王长建、张小雷、张虹鸥等：《基于 IO - SDA 模型的新疆能源消费碳排放影响机理分析》，《地理学报》2016 年第 7 期。

内学界采用 SDA 进行碳排放影响因素研究的报道远少于指数分解法和回归分析法，较有代表的研究包括张友国和郭朝先分别采用非竞争型和竞争型投入产出表对影响中国碳排放增长的因素进行了 SDA 分解，[①] 沈源、朱玲玲分别对我国工业部门的对外贸易隐含碳增量及工业分行业碳排放影响因素进行了研究。[②]

4. 非参数距离函数分解法

除上述广泛使用的分析方法外，目前非参数距离函数分解法等也在碳排放影响因素分析中有所使用，但国内较少见到相关研究报道。此类方法在分解公式中纳入非参数距离函数，孙作人等相关研究显示能源强度较能源结构强度对工业部门碳排放影响更强烈，[③] 各工业部门能效差异仍逐步扩大，查建平等、张臻等均采用方向性距离函数讨论了中国工业碳排放绩效的影响因素。[④]

上述各类方法研究结论有相似之处，人均 GDP、工业总

---

① 张友国：《经济发展方式变化对中国碳排放强度的影响》，《经济研究》2010 年第 4 期；郭朝先：《中国二氧化碳排放增长因素分析——基于 SDA 分解技术》，《中国工业经济》2010 年第 12 期。

② 沈源：《中国工业对外贸易隐含碳的测算及其增量的结构分解——基于投入产出模型分析》，东南大学硕士学位论文，2012；朱玲玲：《中国工业分行业碳排放影响因素研究》，哈尔滨工业大学硕士学位论文，2013。

③ 孙作人、周德群、周鹏：《工业碳排放驱动因素研究：一种生产分解分析新方法》，《数量经济技术经济研究》2012 年第 5 期。

④ 查建平、唐方方、郑浩生：《什么因素多大程度上影响到工业碳排放绩效——来自中国（2003~2010）省级工业面板数据的证据》，《经济理论与经济管理》2013 年第 1 期；张臻、刘金兰、陈立芸等：《节能低碳视角下的我国工业行业效率》，《江淮论坛》2015 年第 4 期。

产出、技术进步、能源强度是影响碳排放的主要解释因素，其次是产业结构、国际贸易分工，而能源结构受我国以煤为主的资源禀赋约束难以发挥应有效应，产业部门整体正经历低碳化进程。

（三）对碳排放影响经济系统运行规律的讨论

在对碳排放影响经济系统运行规律的讨论中研究热点包括 CO_2 的库兹涅茨曲线（CKC 曲线）、纳入碳排放的增长理论模型等。林伯强和蒋竺均认为工业能源强度和结构的干扰使 CKC 曲线的理论拐点无法实现；[①] 许广月和宋德勇认为 CKC 曲线与我国地区发展异质性有关；[②] 何小钢和张耀辉提出中国工业 CKC 曲线出现"重组"现象，[③] 呈"N 型"而非"倒 U 型"；邓晓兰等认为 2010 年前碳排放轨迹未表现出"倒 U 型"而是单调递增；[④] 吴英姿等认为中国工业碳排放与经济增长关系存在 U 型曲线特征；[⑤] 任烁以重庆制造业为研究对象，发现

[①] 林伯强、蒋竺均：《中国二氧化碳的环境库兹涅茨曲线预测及影响因素分析》，《管理世界》2009 年第 4 期。

[②] 许广月、宋德勇：《中国碳排放环境库兹涅茨曲线的实证研究——基于省域面板数据》，《中国工业经济》2010 年第 5 期。

[③] 何小钢、张耀辉：《中国工业碳排放影响因素与 CKC 重组效应——基于 STIRPAT 模型的分行业动态面板数据实证研究》，《中国工业经济》2012 年第 1 期。

[④] 邓晓兰、鄢哲明、武永义：《碳排放与经济发展服从倒 U 型曲线关系吗——对环境库兹涅茨曲线假说的重新解读》，《财贸经济》2014 年第 2 期。

[⑤] 吴英姿、都红雯、闻岳春：《中国工业碳排放与经济增长的关系研究——基于 STIRPAT 模型》，《华东经济管理》2014 年第 1 期。

其碳排放的 CKC 曲线为向右下方倾斜的线性。[①] 袁富华、陶小马和周雯分别将碳排放视为投入要素或非期望产出纳入生产过程，[②] 解释碳排放与经济增长之间的关系。杨子晖采用"有向无环图"描绘了"增长—能源—排放"关系的演变轨迹。[③] 此外，Tapio 脱钩弹性被广泛引入工业碳排放与经济增长脱钩分析，研究显示我国绝大部分地区和主要工业部门的碳排放处于弱退耦阶段。[④]

（四）对产业部门隐含碳转移的评估

对产业部门隐含碳转移的评估是与本研究最接近的研究领域。目前该类研究主要集中于对进出口贸易导致的隐含碳转移的评估，即由于国际产业转移和进出口商品结构差异，中国与发达国家的贸易失衡中伴随着碳排放失衡。许多研究中认为中

---

① 任烁：《重庆制造业低碳增长的影响因素研究》，《科技和产业》2017 年第 4 期。

② 袁富华：《低碳经济约束下的中国潜在经济增长》，《经济研究》2010 年第 8 期；陶小马、周雯：《中国地区工业部门二氧化碳排放量及碳排放约束下全要素生产率测算》，《技术经济》2012 年第 9 期。

③ 杨子晖：《经济增长、能源消费与二氧化碳排放的动态关系研究》，《世界经济》2011 年第 6 期。

④ 齐静、陈彬：《城市工业部门脱钩分析》，《中国人口·资源与环境》2012 年第 8 期；叶懿安、朱继业、李升峰等：《长三角城市工业碳排放及其经济增长关联性分析》，《长江流域资源与环境》2013 年第 3 期；吕肖婷：《东北老工业基地碳排放与经济增长关系的实证分析》，《经济论坛》2017 年第 12 期；卢娜、冯淑怡、孙华平：《江苏省不同产业碳排放脱钩及影响因素研究》，《生态经济（中文版）》2017 年第 3 期；王俊岭、张新社：《中国钢铁工业经济增长、能源消耗与碳排放脱钩分析》，《河北经贸大学学报》2017 年第 4 期。

国已成为碳净出口国，① 有 10% ~30% 的中国碳排放量因出口而引发，② 但 Peters 等同时认为因存在进口避免的碳排放，③ 中国碳净出口量不占优势，王媛等则通过分析加工贸易碳转移对此进行了回应。④ 笔者认为存在这种争议主要是由于是否对加工贸易进行了测度，以及产品隐含碳是采用进口国碳排放因子测算还是出口国碳排放因子测算（若采用进口国排放因子测算，我国进口所减少的国内碳排放量将有大幅提升；但若采用出口国碳排放因子测算，我国进口所减少的国内碳排放量则有明显下降）。从隐含碳国家或地区盈亏角度，美国、欧盟、日本是中国碳净出口的主要受惠国家或地区，⑤ 从隐含碳来源部门角度，由于中国碳效率低于主要的进出口贸易国，纺织业造成全球碳排放净增加（即该部门隐含碳属净出口状态）最

---

① 樊纲、苏铭、曹静：《最终消费与碳减排责任的经济学分析》，《中国经济学》2010 年第 1 期；张为付、杜运苏：《中国对外贸易中隐含碳排放失衡度研究》，《中国工业经济》2011 年第 4 期；刘祥霞、王锐、陈学中：《中国外贸生态环境分析与绿色贸易转型研究——基于隐含碳的实证研究》，《资源科学》2015 年第 2 期。

② Peters G. P., Hertwich E. G., "CO$_2$ Embodied in International Trade with Implications for Global Climate Policy", *Environmental Science & Technology*, 2008 (5)；刘强、庄幸、姜克隽等：《中国出口贸易中的载能量及碳排放量分析》，《中国工业经济》2008 年第 8 期。

③ Peters G. P., Weber C. L., Guan D., et al., "China's Growing CO$_2$ Emissions: A Race between Increasing Consumption and Efficiency Gains", *Environmental Science & Technology*, 2007, 41 (17).

④ 王媛、王文琴、方修琦等：《基于国际分工角度的中国贸易碳转移估算》，《资源科学》2011 年第 7 期。

⑤ 谭娟、陈鸣：《基于多区域投入产出模型的中欧贸易隐含碳测算及分析》，《经济学家》2015 年第 2 期；盛仲麟、何维达：《中国进出口贸易中的隐含碳排放研究》，《经济问题探索》2016 年第 9 期。

多，石油和天然气开采业造成全球碳排放净减少（即该部门隐含碳属净进口状态）最多。[①]

相对于进出口隐含碳转移评估，全过程评价部门隐含碳流动是厘清部门排放关联与责任转移问题的关键，基于生命周期评价或投入产出分析法的不同部门间碳排放转移关联路径分析也得到许多学者关注，工业碳排放既涉及能耗排放，有的也涉及工业过程排放。[②]

（五）碳排放的环境规制方式论证

鉴于碳减排提供的是一种公共服务，只有实现其减排过程产生的外部性内生化才能确保减排机制具备长效性，而依据庇古或科斯理论提出的环境规制方法在中国的适用性争论日渐激烈，相对来说，由于近年来中国碳排放权交易市场从试点逐步走向完全启动，学界的研究也从庇古、科斯规制方式的争论转向具体的交易市场完善建议，鉴于此类政策的覆盖面较广，这

---

① 胡剑波、郭风：《中国进出口产品部门隐含碳排放测算——基于 2002～2012 年非竞争型投入产出数据的分析》，《商业研究》2017 年第 5 期。

② 李小平、卢现祥：《国际贸易、污染产业转移和中国工业 CO_2 排放》，《经济研究》2010 年第 1 期；孙建卫、陈志刚、赵荣钦等：《基于投入产出分析的中国碳排放足迹研究》，《中国人口·资源与环境》2010 年第 5 期；刘清欣：《河南省能源行业碳足迹在产业间传递路径研究》，《水电能源科学》2011 年第 9 期；唐建荣、李烨啸：《基于 EIO－LCA 的隐性碳排放估算及地区差异化研究——江浙沪地区隐含碳排放构成与差异》，《工业技术经济》2013 年第 4 期；钱明霞：《产业部门关联碳排放及责任的实证研究》，江苏大学博士学位论文，2015；袁泽、李琦：《基于 LCA 的工业过程碳排放建模和环境评价》，《测绘科学》2017 年第 5 期。

一领域研究仅针对工业碳减排的并不多见。姜克隽研究认为碳税征收对我国碳排放抑制明显，[①] 对 GDP 影响在可接受范围内；潘家华则认为将碳税作为扩大税源的税基并不合理，[②] 而应作为一种财政中性的赋税。石敏俊、孙亚男、赵黎明和殷建立等对碳交易和碳税复合政策进行了讨论，[③] 认为复合型政策有助于实现减排目标并降低对经济的冲击。碳交易政策中初始配额的设计、[④] 碳价的影响因素与波动区间、[⑤] 我国碳市场的有效性[⑥]和全球碳市场对中国"经济—能源—气候"系统的影响等[⑦]都是碳排放权交易研究的热点命题。

① 姜克隽：《征收碳税对 GDP 影响不大》，《中国投资》2009 年第 9 期。
② 潘家华：《经济要低碳，低碳须经济》，《华中科技大学学报（社会科学版）》2011 年第 2 期。
③ 石敏俊、袁永娜、周晟吕等：《碳减排政策：碳税、碳交易还是两者兼之?》，《管理科学学报》2013 年第 9 期；孙亚男：《碳交易市场中的碳税策略研究》，《中国人口·资源与环境》2014 年第 3 期；赵黎明、殷建立：《碳交易和碳税情景下碳减排二层规划决策模型研究》，《管理科学》2016 年第 1 期。
④ 齐绍洲、王班班：《碳交易初始配额分配：模式与方法的比较分析》，《武汉大学学报》（哲学社会科学版）2013 年第 5 期；熊灵、齐绍洲、沈波：《中国碳交易试点配额分配的机制特征、设计问题与改进对策》，《社会科学文摘》2016 年第 7 期。
⑤ 陈晓红、胡维、王陟昀：《自愿减排碳交易市场价格影响因素实证研究——以美国芝加哥气候交易所（CCX）为例》，《中国管理科学》2013 年第 4 期；孙睿、况丹、常冬勤：《碳交易的"能源-经济-环境"影响及碳价合理区间测算》，《中国人口·资源与环境》2014 年第 7 期；陈欣、刘明、刘延：《碳交易价格的驱动因素与结构性断点——基于中国七个碳交易试点的实证研究》，《经济问题》2016 年第 11 期。
⑥ 王扬雷、杜莉：《我国碳金融交易市场的有效性研究——基于北京碳交易市场的分形理论分析》，《管理世界》2015 年第 12 期。
⑦ 闫云凤：《全球碳交易市场对中国经济—能源—气候系统的影响评估》，《中国人口·资源与环境》2015 年第 1 期。

（六）对特定产业部门碳减排的对策研究

对特定产业部门碳排放的对策研究，如对钢铁、集成电路、电解铝、水泥等部门的碳减排技术及机制研究,[①] 此类研究除常规的经济管理模型分析外，更着重于部门特性，以及微观层次的碳减排工程和工艺技术。

由于本书每章均有对应内容针对性的文献评述，前文仅对相关领域研究进展作简要回顾。

综上所述，相关学者已在中国产业部门碳排放及减排领域做出了卓有成效的努力，为本研究提供了宝贵的理论和方法支持。针对本书拟开展研究的分区域/部门碳排放现状特征与预测、碳转移路径和市场化减排机制三大重点领域，上述相关研究仍有可商榷和完善之处：一是部分研究中仅注重能源消费所引发的部门碳排放，对工业过程碳排放（非能耗碳排放）考虑不足，忽视非能源消费碳排放可能造成碳排放总量核算的较大误差;[②] 二是研究中较多强调历史排放分析，对未来发展趋势涉及较少，有限的预测内容也以回归分析和趋势拟合为主，

---

① 李长胜、范英、朱磊：《基于两阶段博弈模型的钢铁行业碳强度减排机制研究》，《中国管理科学》2012 年第 2 期；戴洁：《上海集成电路制造业碳排放特征及减排路径》，《环境科学与技术》2013 年第 7 期；张巧良、丁相安、宋文博：《碳税与碳排放权交易政策微观经济后果的比较研究》，《商业会计》2014 年第 17 期；王旭：《基于生产流程的我国水泥工业碳减排潜力分析》，《中国管理信息化》2015 年第 1 期。
② 赵志耘、杨朝峰：《中国碳排放驱动因素分解分析》，《中国软科学》2012 年第 6 期。

对经济系统、能源系统和碳排放的内在联系难作深入讨论。三是目前对产品隐含碳转移路径的研究侧重于国际和区域间的贸易转移，对部门间因中间产品投入而产生的碳排放关联关注相对不足（这种联系意味着相当部分的碳排放都参与了部门间的再分配，导致表观低碳部门可能是实质高碳部门），进一步说，基于投入产出分析技术的碳转移研究大多止步于现状评价和短期"静态"分析，与其他模型组合实现动态预测和优化功能的研究较少。四是市场化机制运作的前提是明晰责任，国内外学者对碳减排责任的争议集中于"如何界定和分配各国碳排放权"和"如何衡量低碳排放"，应该支持"生产者责任"还是"消费者责任"，[1] 分歧的实质是国家利益和政治倾向，[2] 而对国内政府与部门，以及部门间的减排责任和成本分担问题则很少涉及。

三　研究思路和总体框架

控制产业部门（特别是工业部门）碳排放在实现我国碳减排国际承诺中具有什么样的重要地位？未来我国碳排放在区域间、部门间会描绘出何种特征的发展轨迹？在确保我国

---

① 樊纲、苏铭、曹静：《最终消费与碳减排责任的经济学分析》，《中国经济学》2010 年第 1 期。

② Nordhaus W. D., "The Cost of Slowing Climate Change: A Survey", *Energy Journal*, 1991 (1); Garnaut R., The Garnaut Climate Change Review, Cambridge University Press, 2008.

工业化进程要求和实现国家减排目标的双重约束下，怎样的减排方案既能反映出各部门应承担的实际责任，又可被现有的（及可预见的未来）工业生产模式所承受？本研究尝试综合应用核算、评价、预测技术，通过分区域/部门碳排放核算、区域、部门关联与转移路径分析和减排成本分担及市场衔接机制设计来回答上述系列问题。重点解答"当前我国碳排放的特征与演化趋势是什么？如何衡量和预测部门间减排责任的转移？怎样利用市场化手段在部门间分担减排责任？"，本书将按照"不同背景下我国碳排放区域/部门分异特征和趋势分析—工业部门间碳转移模型与路径分析—未来工业部门间碳转移演变预测—碳减排成本分担市场化机制设计与双市场衔接政策建议"的技术路径展开研究，最终探寻满足国家 2030 年碳排放达峰目标，实现部门分类管理、受益者共同责任和成本效益原则的碳减排成本分担市场化机制和制度安排。

依照此基本思路，研究主要内容可按照绪论篇（第一章）、背景篇（第二至三章）、核心篇（第四至六章）、结论篇（第七章）展开，本书逻辑脉络、技术路线和撰写框架如图1－1所示。

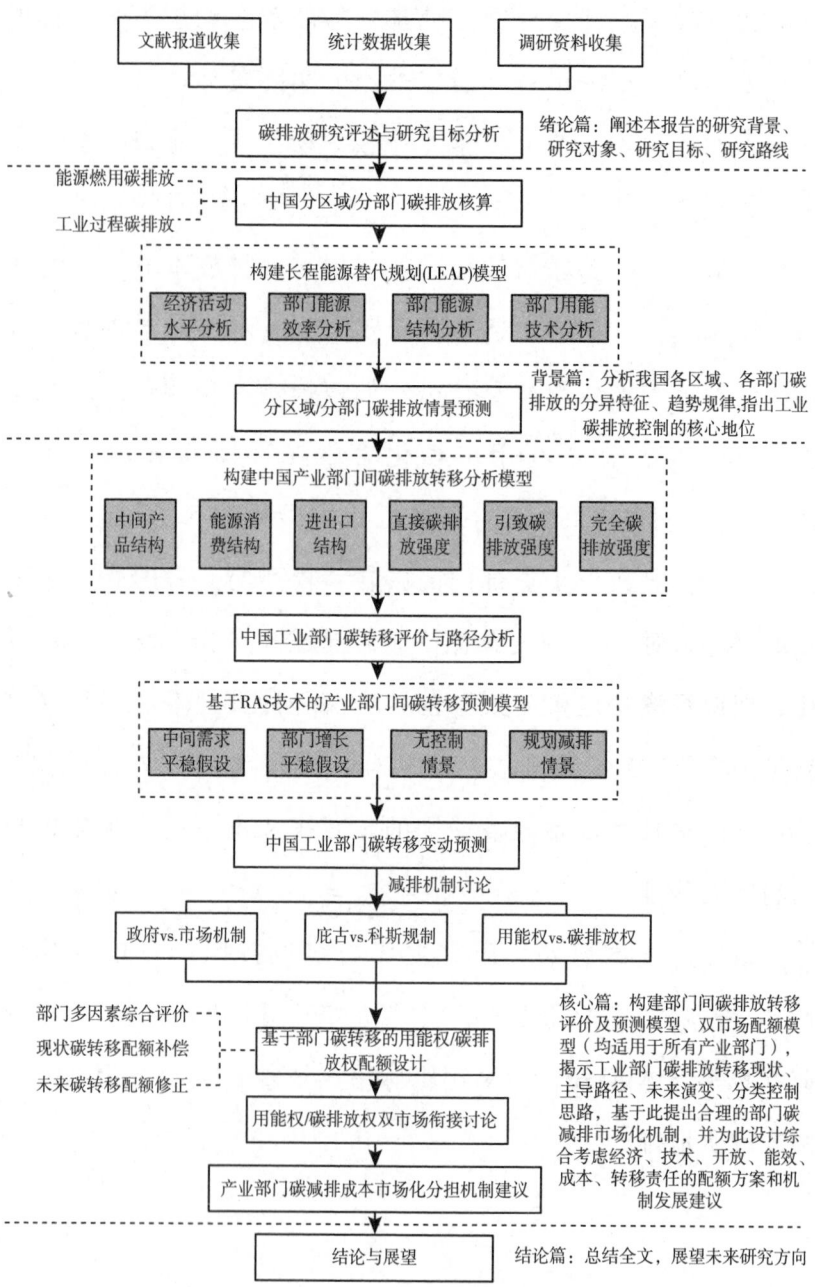

图1-1　本书技术路线与总体框架

第二章

基于 IPCC 清单分析法的全国分区域/部门碳排放核算研究

要明晰我国分部门碳排放的排放总量规模和结构特征，并在此基础上对全国能源消费模式和低碳经济发展进行评估和优化，把握经济发达和欠发达地区工业部门能耗、非能耗碳排放走势，需要准确把握全国各部门碳排放结构的共性与特性。碳排放从产生来源角度主要可分解为三个部分：一是化石能源燃用引起的碳排放；二是工业生产过程碳排放，涉及采掘工业、化学工业、金属工业、电子工业等行业部门生产过程中的碳排放；三是除上述两种情况以外的温室气体排放（其中很多以非碳温室气体的形式存在），主要包括农业、林业及其他利用形式的土地排放、废弃物导致的温室气体排放。受研究范围、数据认可程度和采集限制，本研究仅涉及前两类碳排放形式的核算，且在具体的工业部门碳转移研究中以能耗碳排放为主要研究对象。

我国正由工业化中期向后期过渡，产业结构加速转型、生产方式剧烈转变，2000 年以来，第二产业占国内生产总值比重在 2006 年达到 47.6% 的高点后逐步下降，2015 年降低至40.9%；工业增加值占国内生产总值的比重由 2006 年的 42%逐步下降至 2015 年的 34.3%；与此同时，第三产业占比不断提升。从能源消费的部门贡献方面分析，工业能耗总量仍呈缓慢上升趋势，直至 2015 年才略有下降，"十二五"期间，工业终端能耗总量年均增长 3.26%，2015 年工业终端能源消费量 280206 万吨标准煤，约占全国能源消费总量的 2/3（65.18%），工业依然是决定能源消费和能耗碳排放的主导部门。从能源消费品种结构方面分析，随着节能减排、发展清洁能源、碳减排政策等的推行，非化石能源消费在总能源消费中的比重不断提高，2015 年，全国水电、核电、风电消费总量52018.51 万吨标准煤，占能源消费总量的 12.10%，占比较"十一五"末（2010 年）提升 2.7 个百分点，但化石能源在相当长的一段时间内仍将是能源消费的主要来源，且化石能源内部结构变化有限，煤品和油品燃料两类高碳排放能源消费在整个"十二五"期间，均占全部能源消费的 80% 以上，其中单位发热量排放因子最高的煤品又占全部能源消费的 63% 以上，能源消费中对煤的高度依赖导致能源燃用碳排放一直是中国碳排放的最主要来源。

上述分析显示，我国碳排放的现状特征如下。一是生产部门碳排放远高于消费部门碳排放，尽管中国第三产业所占比重逐步提高，但生产部门中工业部门碳排放仍远大于其他产业部门碳排放，工业部门碳排放决定了中国碳排放的总体特征与趋势，基于工业部门碳排放分析与减排路径评估研究，实施以工业部门碳强度控制为核心的减排方式，既符合中国碳减排的阶段性特征，也符合未来一段时期内中国低碳转型的总体目标。二是能源燃用导致的碳排放远大于其他途径的碳排放，虽然我国清洁（或低碳）能源近年来取得了巨大发展，化石能源所占比重缓慢下降，但煤品和油品能源燃用碳排放依然占据主导地位。从产业部门和能源消费结构综合判断，对我国碳排放的研究重点应集中于产业部门，特别是工业部门，对产业部门碳排放总量核算和趋势分析的研究的重点应从产业部门结构、部门活动水平、部门能源利用效率（含技术水平）、能源消费结构变动或演替等方面入手，即能较准确地把握我国碳排放现状特征和演变规律，形成较有特色的研究结论。

一　碳排放的核算方法选择

本研究所称的碳排放，系"温室气体排放"的简单表述，由于非 CO_2 温室气体依据全球增温潜势（GWP）可与 CO_2 建立确定的函数关系，[1]"温室气体减排"即"CO_2 当量减排"，研究中用 CO_2e 表示二氧化碳当量。

---

[1]　鲍健强、苗阳、陈锋：《低碳经济：人类经济发展方式的变革》，《中国工业经济》2008 年第 4 期。

　　本研究将碳排放的估算划分为两个大的子类：一是化石能源燃用引起的碳排放，由化石能源消费量×碳排放系数得到；二是工业生产过程的碳排放，在 IPCC 的清单分析中，[①] 此类排放主要涉及采掘工业的水泥、石灰、玻璃、其他碳酸盐生产，化学工业的氨气、硝酸、己二酸、电石、二氧化钛、纯碱、石油化工与碳黑、氟化物生产，金属工业的钢铁与冶金焦、铁合金、原铝、镁、铅、锌生产，以及润滑剂、固体石蜡、沥青等燃料和溶剂使用，电子工业部门中半导体、平板显示器和 PV 生产涉及的氟化物，以及氢氟碳化物、全氟碳化物等臭氧损耗物质替代物的生产和使用等，按照国家统计年鉴中对工业产品产量的统计，本研究中仅对采掘工业的水泥、平板玻璃，化学工业的纯碱、合成氨，金属工业的钢铁、原铝 6 类产品的工业生产过程碳排放进行统计。

　　作为碳排放最重要的贡献源，能耗碳排放的核算方法众多，如按照 ORNL（美国橡树岭国家实验室）对化石能源燃烧释放的 CO_2 可用以下系列表示式计算：[②]

$$燃煤的碳释放量（按 C 计）= 耗煤量（按标准煤计）× 0.982 × 0.73257$$

（式 2-1）

$$燃油的碳释放量（按 C 计）= 耗油量（按标准煤计）× 0.982 × 0.73257 × 0.813$$

（式 2-2）

---

① IPCC, IPCC Guidelines for National Greenhouse Gas Inventories, Hayama: IGES for the IPCC, 2006.

② 何介南、康文星：《湖南省化石燃料和工业过程碳排放的估算》，《中南林业科技大学学报》2008 年第 5 期。

天然气燃烧的碳释放量(按 C 计) = 耗天然气量(按标准煤计)

$$\times 0.982 \times 0.73257 \times 0.561$$

(式 2 - 3)

上述表达式中，0.982 为有效氧化分数，0.73257 为标煤含碳率，0.813 和 0.561 分别为获得相同热能的情况下，[1] 石油和天然气释放 CO_2 是煤释放 CO_2 的倍数。原煤的折标煤系数为 0.7143kg 标煤/kg 原煤，原油的折标煤系数为 1.4286kg 标煤/kg 原油，天然气的折标煤系数为 1.1 ~ 1.33kg 标煤/m³，液化天然气的折标煤系数为 1.7572kg 标煤/kg 液化天然气。上述的碳排放量以 C 为衡量单位，若以 CO_2 为衡量单位，那么应在表达式后再乘以气化系数 3.67（按 CO_2 分子量和 C 原子量的比例 44 : 12 计算）。

按照国家发改委气候变化司的碳排放系数值，[2] 煤炭、石油和天然气燃用的碳排放系数分别取 0.747、0.5825 和 0.4435（每单位标煤所释放的单位碳等价物，这一系数中煤炭和天然气要略高于 ORNL 的计算方法，石油则略低于 ORNL 的计算方法，则有：

燃煤的碳释放量(按 C 计) = 耗煤量(按标准煤计) × 0.747

(式 2 - 4)

燃油的碳释放量(按 C 计) = 耗油量(按标准煤计) × 0.5825

(式 2 - 5)

---

[1]　彭江颖：《珠江三角洲植被对区域碳氧平衡的作用》，《中山大学学报（自然科学版）》2003 年第 5 期。

[2]　刘晓、熊文、朱永彬等：《经济平稳增长下的湖南省能源消费量及碳排放量预测》，《热带地理》2011 年第 3 期。

天然气燃烧的碳释放量（按 C 计）＝耗天然气量（按标准煤计）

$$× 0.4435 \qquad （式 2-6）$$

按照 Albrecht 等使用的碳排放系数，[①] 煤炭、石油和天然气燃用的碳排放系数分别为 0.7329、0.5574 和 0.4226，其中，煤炭和天然气的排放系数介于 ORNL 和国家发改委气候变化司的排放系数之间，石油则为三者中最低值。

可见，不同部门给出的能耗碳排放核算方式并无显著差异，其计算方法均是碳排放量（按 CO_2 计）＝化石能源消费量×有效氧化分数×能源含碳率×二氧化碳气化系数，各类化石能源的排放系数也较为接近。

为保证碳排放核算结果具有更为广泛的认可度，本研究在所有章节中均采用 IPCC（Intergovernmental Panel on Climate Change，政府间气候变化专业委员会）2006 年《国家温室气体清单指南》（IPCC Guidelines for National Greenhouse Gas Inventories）推荐的计算方法和排放系数计算各类能耗和工业过程的 CO_2e 的排放量。[②] IPCC 于 1990 年和 1992 年分别发布了全球气候变化的第一次评估报告和补充报告，并促使了联合国气候变化框架公约的最终确定，最新一版的第 5 次评估报告于 2014 年 11 月获得批准和通过，第 6 次评估报告预计将于

①　李志强、刘春梅：《碳足迹及其影响因素分析——基于中部六省的实证》，第六届中国科技政策与管理学术年会，2010。

②　IPCC, IPCC Guidelines for National Greenhouse Gas Inventories, Hayama: IGES for the IPCC, 2006.

2022 年完成。IPCC 所提出的《国家温室气体清单指南》是指导国家和区域温室气体宏观排放核算的最权威的手段之一（当前广泛使用的是 2006 年修订版，其改进版预计在 2019 年 5 月完成），是在收集全球各大科研院所、各类科研文献报道的基础上制定，分为 5 卷：一般指导及报告，能源，工业过程和产品使用，农业、林业和其他土地利用，废弃物碳排放核算。IPCC 对碳排放计量的思路是首先确定产生碳排放的经济社会活动水平（如能源利用、土地利用、人口、工业产值、各种产品量等），然后根据这些在不同国家区域的活动所采用的各类技术（如能源燃用技术、工业生产工艺、碳削减技术、废弃物利用技术）等，给出不同活动水平在不同技术条件下的碳排放因子，最终得到各类活动的碳排放量。

目前，我国和世界其他科研机构采用的碳排放核算方法基本借鉴了 IPCC 的活动水平乘以排放因子的研究思路，具体的排放因子则既有直接选用 2006 年《国家温室气体清单指南》的各类因子，也有采用在此基础上进行进一步调整的研究结果。相对来说，目前国内学界对能源燃用碳排放的研究较为深入，而对工业过程碳排放则涉及较少。

为计算方便（移动源数据未知），研究中采用 2006 年 IPCC《国家温室气体清单指南》中固定源燃烧的产业分类排放因子进行核算，分为农业、工业（含能源工业、制造工业）、服务业（采用商业源排放因子）、居民消费（采用住宅源排放因子）4 类，分别对各类能源化石能源排放系数进行了核算（见表 2-1）。

需要注意的有以下三点。一是对全国碳排放总量核算研究，属本研究中核算范围的最大尺度，故仅按煤、油、天然气的大类进行核算，不进一步细分，后文的章节中针对研究范围的细化会进一步细分能源、终端消费和电力热力转化情况。IPCC 对各种煤的碳排放系数不同，而统计数据中对消费的各类煤品与 IPCC 的分类不一致，因此只能按照生产情况进行综合考虑。我国煤生产中炼焦煤占 51%、一般烟煤占 31%、无烟煤占 12%、褐煤占 6%，IPCC 中烟煤被称为沥青煤，与炼焦煤缺省排放因子相同，因此可以采用 IPCC 的炼焦煤缺省排放因子的 82%、无烟煤的 12% 和褐煤的 6% 组成煤合计排放因子；而油品能源则按原油计算综合排放因子；煤、油、天然气均扣除用于原料、材料（非燃用）的部分。二是在计算综合排放因子时，本研究不仅考虑了 CO_2 的排放，还考虑了 CH_4 和 N_2O 的排放影响，并采用 IPCC 第 5 次评估报告的百年 GWP 折算为统一的 CO_2e。最初 IPCC 三次报告使用的是 GWP，之后从第四次报告开始同时采用全球温变潜能（GTP）。由于增加了对 CH_4 和 N_2O 的核算，本研究中能耗碳排放因子会略高于国家发改委的排放水平，但由于本研究中仅对煤油气大类进行核算，煤气（《中国能源统计年鉴》中的焦炉、高炉、转炉和其他煤气）、焦化产品、热力、电力等转换能源都被计入了对应的大类，同时《中国能源统计年鉴》中其他能源无法辨析类别，不能计算碳排放，可能会造成碳排放数据低估。三是，事实上，虽然笔者对农业、工业、服务业和居民消费碳排放因子进行了逐一核算，但在 IPCC 指南的固定源中，煤品燃料排放在所有类别产业中缺省值是相同的，原油排放在所有类别产业中油品燃料排放因子相同，仅天然气在住宅源中排放的 N_2O 因技术差异与其他情况有所区别，但对整体碳排放核算结果影响很小，没有必要单列排放因子，因此在表 2 - 1 中不同部门使用的煤品、油品和天然气的碳排放因子是相同的。

表 2 - 1　化石能源 CO_2e 排放因子核算

能源种类	温室气体种类		
	CO_2	CH_4	N_2O
煤品燃料排放	95428 kg/TJ	1 kg/TJ	1.5 kg/TJ
	95853.5kgCO_2e/TJ（按 GWP 估算）		
	2.8092tCO_2e/t 标煤煤品燃料		
油品燃料排放	73300 kg/TJ	3 kg/TJ	0.6 kg/TJ
	73543kgCO_2e/TJ（按 GWP 估算）		
	2.1554tCO_2e/t 标煤油品燃料		
天然气排放	56100 kg/TJ	1 kg/TJ	0.1 kg/TJ
	56154.5kgCO_2e/TJ（按 GWP 估算）		
	1.6458tCO_2e/t 标煤天然气		

表 2 - 1 中，tCO_2e 表示吨二氧化碳当量（本书下述各章节同）；TJ 表示 10^{12} 焦耳，标煤采用国际蒸汽卡折算，一吨标煤 =7000K 国际蒸汽卡，1 国际蒸汽卡 =4.1868J（而其他领域常用的 20℃卡 =4.1816 焦耳），则 1 吨标煤可折算为 2.93076×10^{10} J。

二　中国能耗碳排放量核算

（一）按能源消费品种大类分区域核算

按照上文所述方法，对 2015 年全国以及各大区域板块进行能耗碳排放核算，数据采集自《中国能源统计年鉴 2016》，结果如表 2 - 2 所示。

表 2 - 2　中国大陆各区域能耗碳排放核算
（2015 年，无西藏数据）

能耗单位：万吨标煤，均扣除用作原料、材料的量

碳排放单位：万吨 CO_2e

区域	煤合计	油合计	天然气（含液化天然气）	煤消费的碳排放	油消费的碳排放	天然气消费的碳排放	总碳排放
全国	267940.85	67408.72	23372.88	752709.09	145290.65	38466.00	936465.75
辽宁	12354.01	5751.83	617.20	34705.33	12397.31	1015.76	48118.40
吉林	6905.81	978.11	255.01	19400.05	2108.18	419.69	21927.92
黑龙江	9595.08	2903.24	435.21	26954.86	6257.56	716.25	33928.67
东北地区	28854.91	9633.18	1307.42	81060.24	20763.05	2151.70	103974.99
北京	832.16	1951.15	1785.30	2337.73	4205.46	2938.16	9481.34
天津	3156.97	2140.20	759.18	8868.67	4612.92	1249.42	14731.01
河北	20466.97	2287.09	865.97	57496.54	4929.52	1425.17	63851.23
山西	26033.77	1105.54	785.89	73135.01	2382.84	1293.38	76811.23
内蒙古	25074.13	1235.31	272.13	70439.15	2662.55	447.86	73549.56
华北地区	75564.00	8719.29	4468.46	212277.10	18793.28	7353.99	238424.37
上海	3231.11	3960.68	940.47	9076.94	8536.72	1547.79	19161.46
江苏	18929.41	3732.45	1987.96	53177.19	8044.80	3271.69	64493.68

续表

区域	煤合计	油合计	天然气（含液化天然气）	煤消费的碳排放	油消费的碳排放	天然气消费的碳排放	总碳排放
浙江	9788.53	4008.05	974.69	27498.30	8638.83	1604.10	37741.22
安徽	10901.46	1941.85	422.94	30624.78	4185.41	696.06	35506.24
福建	5405.07	3017.16	551.37	15184.10	6503.09	907.41	22594.61
江西	5281.47	1421.03	219.78	14836.90	3062.84	361.70	18261.44
山东	28461.38	4995.03	998.03	79954.74	10766.13	1642.51	92363.38
华东地区	81998.43	23076.25	6095.24	230352.95	49737.82	10031.26	290122.03
河南	15942.03	2830.89	912.23	44784.91	6101.60	1501.30	52387.82
湖北	7814.93	3292.79	477.44	21954.00	7097.19	785.75	29836.93
湖南	7958.92	2477.84	322.54	22358.47	5340.65	530.82	28229.95
华中地区	31715.88	8601.51	1712.21	89097.39	18539.44	2817.88	110454.70
广东	11732.52	7582.61	1776.80	32959.42	16343.32	2924.18	52226.92
广西	4219.86	1724.42	101.85	11854.57	3716.76	167.62	15738.95
海南	765.67	647.24	275.81	2150.95	1395.04	453.91	3999.91
华南地区	16718.05	9954.27	2154.46	46964.94	21455.12	3545.71	71965.77
重庆	4319.51	1132.97	660.11	12134.52	2441.96	1086.38	15662.85
四川	6437.59	4325.53	1677.67	18084.70	9323.11	2761.03	30168.84
贵州	9255.37	1173.71	146.15	26000.52	2529.78	240.53	28770.82
云南	5028.48	1511.29	76.06	14126.18	3257.38	125.18	17508.75
西南地区	25040.94	8143.49	2560.00	70345.92	17552.23	4213.12	92111.27
陕西	12083.50	1602.69	988.87	33945.40	3454.39	1627.44	39027.22
甘肃	4563.04	1211.17	261.45	12818.66	2610.51	430.28	15859.45
青海	1067.25	317.93	407.60	2998.16	685.27	670.81	4354.23
宁夏	5963.04	298.65	216.68	16751.59	643.70	356.61	17751.90
新疆	9904.72	2032.63	1769.17	27824.70	4381.06	2911.62	35117.37
西北地区	33581.55	5463.07	3643.77	94338.50	11774.92	5996.75	112110.17

注：①表中数据来源于《中国能源统计年鉴 2016》并经处理，由于各省按煤合计、油合计实物量折算标煤，全国统计数据中直接有标准量，两者会有一定差异，地方总和大于全国。②各省消费天然气（除液化天然气外）按 1.215kg 标煤/m³ 折算为标煤。③对电力、热力有净输出的省份默认其能源转换时的碳排放完全在本地产生，对二次能源电力热力在转化时的碳排放全部计入煤品、油品和天然气排放部分。

由表 2 - 2 可知，2015 年扣除化石能源的非燃用用途，并考虑 CH_4 和 N_2O 排放后，化石能源消费引发的碳排放共计 93.65 亿吨 CO_2e，其中煤品能源燃用排放 75.27 亿吨 CO_2e，占 80.37%；油品能源燃用排放 14.53 亿吨 CO_2e，占 15.51%；天然气燃用排放 3.85 亿吨 CO_2e，占 4.11%。

全国七大地理分区的能耗碳排放量如图 2 - 1 所示。

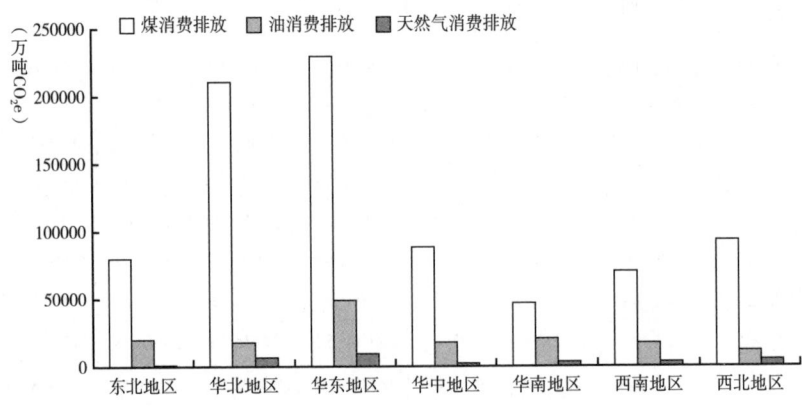

图 2 - 1　全国七大地理分区能耗碳排放量

由图 2 - 1 可知，我国能耗碳排放最集中的区域是华北地区和华东地区，分别占到全国能耗碳排放总量的 23.39% 和 28.47%，这两个地区的排放量之和已达到全国的一半；其次是东北地区、华中地区和西北地区，均略超过全国能耗碳排放量的 10%；最后为华南地区和西南地区，分别占到全国能耗碳排放总量的 7.06% 和 9.04%。

从七大地理分区的能耗碳排放来源结构分析，虽然都是以煤为主的碳排放结果，但细化上也有所区别。一是华北地区和西北地区属于强化的燃煤碳排放主导地区，燃煤碳排放比例高于全国平均水平，其中西北地区的天然气燃用碳排放比例也属于全国最高区域，达到 5.35%。二是与全国平均来源结构类似的地区，包括东北地区、华东地区和华中地区，但这三个地区的燃油碳排放比例都要略高于全国平均水平。三是油气燃用碳排放偏高地区，包括华南地区和西南地区，这两个地区的燃油碳排放和燃气碳排放比例均要高于全国水平，特别是华南地区的燃油碳排放占比达到 29.81%，在七大地理分区中列于首位，天然气燃用碳排放占比 4.93%，仅次于西北地区。七大地理分区能耗碳排放来源结构与地区的化石能源禀赋和能源进出口结构相关，由于释放同等热量下，天然气碳排放量小于油品能源碳排放量，油品能源碳排放量又小于煤品能源碳排放量，这一分区结构也揭示了未来不同区域能耗碳排放控制和能源消费结构升级的重点方向。

（二）按碳排放部门核算

按部门核算与按区域核算有所不同，按《中国能源统计年鉴》的数据采集方式，分部门能源消费量按终端消费量核算，部门共涉及农、林、牧、渔业，工业，建筑业，交通运输、仓储和邮政业，批发、零售业和住宿、餐饮业，其他产业部门，城镇生活消费，乡村生活消费 8 个行业部门。本章的处理中，对除工业以外的行业部门，均按终端消费量计算煤合计、焦炭（计算终端能耗时，已经区分出了加工转换能源，这时焦炭、煤气等通过煤品能源转换的产品需要单独计算，它们不属于终端能耗中煤合计的部分，否则煤品能源的碳排放将被低估，由于各类煤气量较少，本节只计算消费量最多的焦炭）、油品合计、天然气、液化天然气 5 类终端能耗品种的碳排放，对工业还要加计全部的热力和电力（火电）转化时引发的碳排放（因这一转化过程属于电力热力供应业），不将热力和电力（火电）导致的碳排放计入其他部门（即非工业部门使用热力和电力视为零碳排放），本节的部门分类较之上一节有所细化和精确。按全国能源加工转换投入产出量表可以核算，2015 年我国供热和火力发电的能源转换过程引发的碳排放因子分别为 4.0517 吨 CO_2e/吨标煤热力、6.9240 吨 CO_2e/吨标煤电力（火电），具体核算方法将在本研究第三章予以解释。

根据《中国能源统计年鉴 2016》，2015 年我国分部门终端能耗、能源转化产出和碳排放情况如表 2-3 所示。

表 2-3　中国分部门终端能耗和能源加工转换量及碳排放（2015 年）

能耗单位：万吨标煤

碳排放单位：万吨 CO_2e

部门	终端能源消费量					能源加工转换生产量	
	煤合计	焦炭	油品合计	天然气	液化天然气	热力（不计回收能）	火力发电
农、林、牧、渔业	1965.56	48.07	2530.88	12.34	—	—	—
工业	55882.2	40695.21	11409.1	6011.5	3264.58	13606.91	52652.67
建筑业	701.15	6.49	1637.76	28.12	—	—	—
交通运输、仓储和邮政业	349.13	2.93	29986.98	2478.51	451.08		

续表

部门	终端能源消费量					能源加工转换生产量	
	煤合计	焦炭	油品合计	天然气	液化天然气	热力（不计回收能）	火力发电
批发、零售业和住宿、餐饮业	2972.64	38.91	921.85	666.71	—	—	—
其他产业部门	3157.79	5.20	5421.37	590.74	—	—	—
城镇生活消费	985.17	8.91	6800.55	4658.91	—	—	—
乡村生活消费	5984.27	21.36	2871.66	18.58	—	—	—

部门	终端能耗碳排放					能源加工转换碳排放	
	燃煤碳排放	燃油碳排放	燃气碳排放	合计	热力碳排放	火电碳排放	合计
农、林、牧、渔业	5673.12	5454.98	20.31	11148.41	—	—	—
工业	285159.92	24590.82	15266.14	325016.88	55131.12	364567.09	419698.20
建筑业	1990.14	3529.98	46.28	5566.39	—	—	—
交通运输、仓储和邮政业	990.02	64633.00	4821.38	70444.40	—	—	—
批发、零售业和住宿、餐饮业	8473.40	1986.93	1097.24	11557.57	—	—	—
其他产业部门	8887.36	11685.05	972.21	21544.62	—	—	—
城镇生活消费	2795.64	14657.69	7667.42	25120.75	—	—	—
乡村生活消费	16878.50	6189.49	30.58	23098.57	—	—	—

　　注：表中工业均扣除非用作原料、材料的量，建筑业扣除沥青使用。由于此表中不含能源损失量、平衡量，其核算的碳排放总量会较表 2-2 偏低。其中，焦炭按 CO_2、CH_4、N_2O 固定源碳排放系数核算为 3.15tCO_2e/t 标煤焦炭。

　　按上述方法核算的全国碳排放量为 91.32 亿吨 CO_2e，其中各产业和城乡生活部门终端能耗碳排放总计 49.35 亿吨 CO_2e，占总排放量的 54.04%；能源加工转换碳排放 41.97 亿吨 CO_2e，占总排放量的45.96%。这意味着虽然从各个部门的直接碳排放量上看，可能很多部门的碳排放量和排放强度并不高，但由于这些部门大量使用了热力和电力，事实上它们的碳排放被转移到上游部门——电力、热力的生产和供应业，而且这一碳转移的量占到了全国碳排放量的半壁江山。因此，不同的产业部门间应承担共同减排责任，也这是本书第四章将论述的核心内容。第四章中除将对电力、热力使用导致的部门碳排放转移进行讨论外，还将对部门中间产品使用造成的碳排放转移进行分析。

工业部门同时涉及终端能源碳排放和能源加工转换碳排放，总排放量为74.47亿吨CO_2e，占全国能耗碳排放总量的81.55%，占终端能耗碳排放的65.86%，这一结论印证了本章开篇时提出应以工业部门碳排放控制为核心进行碳减排的相关论述。除工业部门以外的终端能耗碳排放中，交通运输、仓储和邮政业碳排放量仅次于工业部门，为7.04亿吨CO_2e，占全国终端能耗碳排放的14.27%，若将所有第三产业部门碳排放量合并（含其他产业部门），则合计碳排放量有10.35亿吨CO_2e，占全国终端能耗碳排放的20.98%；生活消费（含城镇和乡村）共计4.82亿吨CO_2e，占全国终端能耗碳排放的9.77%。即除工业部门外，第三产业部门和生活消费的碳排放控制也值得关注，而农业和建筑业排放则相对较小。

三 中国工业过程碳排放量核算

由于工业工程碳排放情况复杂，与生产工艺和技术条件息息相关，对于工业过程的非能源燃用碳排放，涉及此类的研究中通常也只考察了水泥生产过程的碳排放，并且不同研究中其排放因子差异较大。本研究中为计算统一，各章节均采用IPCC《国家温室气体排放清单指南》中的排放因子（并按各类产品不同工艺和形态平均计算，即采用指南中的欧洲平均或全球平均因子）。按照《中国统计年鉴2016》中主要工业产品统计情况，将工业过程碳排放的核算范围确定为水泥、平板玻璃、纯碱、合成氨、钢铁、原铝六类产品，其选择的排放因子和碳排放核算结果如表2-4所示。

表 2-4 中国工业过程碳排放量核算（2015 年）

部门大类	具体产品种类	产品产量（万吨）	碳排放因子（吨 CO_2e/吨产品）	碳排放量（万吨 CO_2e）	碳排放量合计（万吨 CO_2e）
采掘工业	水泥	235918.83	0.52	122677.79	123464.31
	平板玻璃	3932.5815	0.20	786.52	
化学工业	纯碱	2591.80	0.138	357.67	12542.77
	合成氨	5791.40	2.104	12185.11	
金属工业	钢铁	112349.60	1.06	119090.58	124273.23
	原铝	3141.00	1.65	5182.65	
合计	—	—	—	—	260280.31

注：平板玻璃按1重量箱50kg进行换算，原铝生产的碳排放因子按指南中两类不同技术的平均值核算。

由表 2 – 4 可知，2015 年全国工业过程碳排放总量 26.03 亿吨 CO_2e，主要来自采掘工业和金属工业的贡献，相对于能耗碳排放，工业过程碳排放总量占比相对较小，但绝对排放量不容忽视。其中，采掘工业排放总量 12.35 亿吨 CO_2e，占全国工业过程碳排放的 47.45%；金属工业排放总量 12.43 亿吨 CO_2e，占全国工业过程碳排放的 47.75%；而化学工业排放占比相对较小，排放总量 1.25 亿吨 CO_2e，占全国工业过程碳排放的 4.80%。从具体的产品上分析，水泥和钢铁生产占据工业过程碳排放的主导位置，这两者 2015 年共计排放 24.18 亿吨 CO_2e，占到全国工业过程碳排放总量的 92.89%，是工业过程碳排放量分析的必需部门和碳减排控制的关键部门。

四　本章小结

2015 年，我国（大陆地区）碳排放总量约为 118.51 亿吨 CO_2e（按能耗碳排放中间值估算），其中能耗碳排放为 91.32 亿 ~ 93.65 亿吨 CO_2e，约占碳排放总量的 78.04%；工业过程碳排放 26.03 亿吨 CO_2e，约占碳排放总量的 21.96%；可见，能耗碳排放依然是我国碳排放最主要的贡献源。能耗碳排放中，终端能耗碳排放和能源加工转换碳排放各约占一半，分别占到 54.04% 和 45.96%。工业过程碳排放中，采掘工业和金属工业碳排放占主导地位，其中水泥和钢铁生产碳排放量超过总量的 90%。

　　我国（大陆地区，无西藏数据）七大地理分区中，华北 5 省（市、区）和华东 7 省（市）排放贡献最高，两者占到全国碳排放总量的 51.86%；排放贡献最低的是华南 3 省（区）和西南 4 省（市），占全国碳排放总量的比例均小于 10%；东北 3 省、华中 3 省、西北 5 省（区，缺西藏）排放量居中，占全国碳排放总量的比例均处于 10% ~ 12%。我国碳排放均属于以燃煤碳排放为主、燃油碳排放为辅、燃气碳排放再次的排放结构，三者比例约为 80:16:4。华北 5 省（市、区）和西北 5 省（区，缺西藏）的燃煤碳排放比例更高，其中华北 5 省（市、区）的燃煤碳排放比例接近 90%；华南 3 省（区）和西南 4 省（市）的燃油碳排放和燃气碳排放比例相对较高，其中华南 3 省（区）燃油、燃气碳排放总计比例接近 35%；其他地区与全国平均特征较为接近。

　　引发碳排放的生产和消费部门中，除能源加工转换碳排放量外，终端能耗碳排放中，工业部门、第三产业部门和城乡生活消费占比较高，分别占到终端能耗碳排放的 65.86%、20.98% 和 9.77%；第三产业部门中交通运输、仓储和邮政业排放量最高，占第三产业部门碳排放总量的 68.03%；城镇和乡村生活消费碳排放量差异不大，均为 2.3 亿 ~ 2.5 亿吨 CO_2e。

　　2015 年，我国（大陆地区）工业碳排放总量约为 100.50 亿吨 CO_2e，占全国碳排放总量的 84.80%，其中能耗碳排放占全国能耗碳排放的 81.55%。工业碳排放按排放来源可分为 3 个部分，终端能耗碳排放 32.50 亿吨 CO_2e，占总量的

32.34%；能源加工转换碳排放（电力和热力生产供应）41.97亿吨CO_2e，占总量的41.76%；工业过程碳排放26.03亿吨CO_2e，占总量的25.90%。可见，工业碳排放主导了全国碳排放的总体变动特征，工业碳排放中能耗碳排放又主导了工业碳排放的总体变动特征，对全国碳排放和碳减排政策的分析可适当集中于工业碳排放，特别是工业能耗碳排放部分，这也是本研究的重点对象和领域。

第三章

基于 LEAP 模型的分区域/部门
碳排放趋势情景分析

——以长江经济带为例*

LEAP（Long-range Energy Alternatives Planning，长程能源替代规划）模型，是由 SEI（Stockholm Environment Institute，斯德哥尔摩环境研究所）开发，并广泛应用于能源政策分析和气候变化研究的专业软件。LEAP 能够核算用能部门和非用能部门的大气污染物排放（不限于温室气体），并整合分析区域中能源终端消费、能源加工转换、资源开采和非用能部门的排放情况。

由于采用 LEAP 模型进行区域碳排放趋势模拟，需要对研究区域的社会经济发展规划、产业用能情况、能源消费结构、产业结构调整规划、能源利用效率提升目标、涉工业过程排放的技术水平变化等有较全面的了解，受数据采集难度

---

* 本章主要根据笔者发表于《生态经济》2017 年第 9 期独著论文《基于 LEAP 模型的长江经济带分区域碳排放核算及情景分析》修改扩展而得。

和工作量限制，本章采用长江经济带作为研究对象，通过对我国重要的区域板块——长江经济带及其东、中、西三大子板块的碳排放实施情景分析，了解我国不同区域及不同部门碳排放在未来中长程（10~15 年）时期内的总体特征和变动趋势。

长江经济带覆盖 11 个省份，人口和生产总值均超过全国的 40%，是我国国土空间开发最重要的东西轴线，其与"一带一路"、京津冀协同发展同列十八大以来中国三大发展战略倡议。按照将长江经济带打造成"我国生态文明建设的先行示范带、创新驱动带、协调发展带"的战略定位，"共抓大保护，不搞大开发"的建设要求，长江经济带势必走出一条生态优先、绿色发展的道路，而低碳发展作为绿色发展的组成板块和新时期我国履行国际责任的重要领域，也必将随长江经济带发展战略的落实得到充分实践和不断深化。

虽然长江经济带上升为国家战略（2014 年 9 月《关于依托黄金水道推动长江经济带发展的指导意见》发布）才仅仅数年，但国内学界业已全面展开了对长江经济带建设理论问题和对策研究的相关探索。目前学界对长江经济带碳排放的研究集中于以下方面：一是对影响长江经济带碳排放变化因素的考察。相对成熟的 Tapio 脱钩模型和对数均值 Divisia 指数法（LMDI）得到较广泛的应用，研究表明人口总量、经济水平、技术水平和城市化水平是影响长江经济带碳排放时空格局演化的重要因素,① 部分研究提出长江经济带碳排放历史上经历过脱钩—挂钩—再脱钩的过程,② 但受技术效率总体提高影响,目前经济带碳排放脱钩情况整体趋好。③ 二是基于全要素碳生产率核算对碳减排目标、减排空间和产业升级途径的讨论。赵晓梦和刘传江将碳排放纳入全要素生产率分析,④ 认为长江经济带的 Malmquist – Luenberger 指数在近年呈倒"U"型,中部和东部区域分别出现技术进步滞缓和技术效率下降问题。三是通过对碳排放与经济、能源系统作用规律的分析,对长江经济带未来碳排放趋势的预测和展望。徐如浓和吴玉鸣认为长三角城市群能源消费、经济增长、碳排放之间存在双向因果关系,⑤ 未来随人均 GDP 的增加,长三角城市群碳排放将逐步趋低。黄国华等测算了长江经济带碳排放总量、强度和产业结构演进水平,⑥ 认为未来碳减排在东中西段应采取不同策略和减排目标,兼顾公平与效率。

---

① 李建豹、黄贤金:《基于空间面板模型的碳排放影响因素分析——以长江经济带为例》,《长江流域资源与环境》2015 年第 10 期。

② 黄国华、刘传江、李兴平:《长江经济带工业碳排放与驱动因素分析》,《江西社会科学》2016 年第 8 期。

③ 曹广喜、刘禹乔、周洋:《中国制造业发展与碳排放脱钩的空间计量研究——四大经济区分析》,《科技管理研究》2015 年第 21 期。

④ 赵晓梦、刘传江:《节能减排约束下全要素生产率再估算及增长动力分析——基于长江经济带数据的研究》,《学习与实践》2016 年第 8 期。

⑤ 徐如浓、吴玉鸣:《长三角城市群碳排放、能源消费与经济增长的互动关系——基于面板联立方程模型的实证》,《生态经济》2016 年第 12 期。

⑥ 黄国华、刘传江、赵晓梦:《长江经济带碳排放现状及未来碳减排》,《长江流域资源与环境》2016 年第 4 期。

综上，即有研究已对长江经济带碳排放的影响因素、减排途径和发展规律做出了卓有成效的探讨，但仍有可进一步讨论之处：一是在碳排放核算中，一方面多以能源消费量代替能源燃用量，忽视了化石能源的非燃用用途（2015 年长江经济带东部 3 省市油品燃料终端消费中，用于工业原料的部分占到 49.13%），导致碳排放量被人为高估；另一方面，很多研究中仅测算了能耗碳排放，未测算工业过程碳排放，而仅水泥生产碳排放一项就可能占到碳排放总量的 10% 以上，[①] 导致碳排放量被显著低估。二是研究中更多的强调历史排放分析，对未来发展趋势的研究相对偏少。

本研究中将利用 LEAP 平台建立长江经济带碳排放核算预测模型（研究中称为 LEAP – YREB 模型），剔除非燃用能源的影响，并将核算范围扩展到工业生产过程碳排放，核算并预测不同发展模式下长江经济带东、中、西部区域，以及农业、工业、建筑业、第三产业、城镇生活、乡村生活各部门的 2015 ～ 2030 年碳排放趋势，研究结论对明确未来碳排放特征、优选减排模式和减排部门具有一定的现实指导意义，并将进一步厘清工业碳排放在各生产和生活部门碳排放中的地位，以及工业终端能耗碳排放、能源加工转换碳排放、工业过程碳排放之间的关系与未来发展特征，是本书深入实施工业部门碳排放、碳转移和碳减排研究的基础性工作之一。

---

① 黄国华、刘传江、李兴平：《长江经济带工业碳排放与驱动因素分析》，《江西社会科学》2016 年第 8 期。

一　LEAP 模型方法简介

LEAP 提供了一个可视化的通用的建模平台，用户可在其平台上简便的建立符合自身研究的数据结构的独特的能源模型。LEAP 模型基于一些简单的计算原则，而且计算涉及的范围是可调整的，许多子模型的计算可以在其他子模型数据缺失难以建立的条件下单独完成，这使得 LEAP 模型相对于传统的整合模型来说，具有对原始数据的需求量相对较小的优势，能较好的克服我国能源历史统计数据缺乏的问题。能源需求端方面，LEAP 模型提供了一套自底向上、从各个能源终端消费来估算需求总体宏观情况的方法；能源供给端方面，提供了模拟能源生产变化趋势的各种方法。

作为一个长程模拟模型，LEAP 模型的步进时间为 1 年，对模拟时间的范围未作限定，多数使用 LEAP 模型的研究的预测时段介于 20～50 年。LEAP 模型通常不对历史进行回顾（这种回顾会导致经济社会、能源消费变化的基本假设只能用表函数的方法进行描述，否则将与实际情况存在偏差，而采用表函数的方式固然能精确反应影响碳排放变化的因素变动，但是这种精确毫无意义，而且在同时描述历史过程时，会导致同一个变量在描述历史和预测未来时选用完全不同的方程表达，造成建模的复杂程度人为提高），以有数据描述的最近一年为基年，对未来中长时期的能源消费和碳排放变化进行仿真。

LEAP 模型主要用于情景分析的设计和模拟。使用者能够利用 LEAP 模型建立并评估各种不同情景下的能源需求、社会成本、效益和环境影响的变动。政策制定者可以评估各种独特的政策以及多种政策共同施用时产生的边际影响。

LEAP 的基本截面如图 3-1 所示，新开发的 LEAP 模型都可以从示例模型（示例是一个虚拟的城市，称为 New Freedonia）进行修改、扩展和延伸。

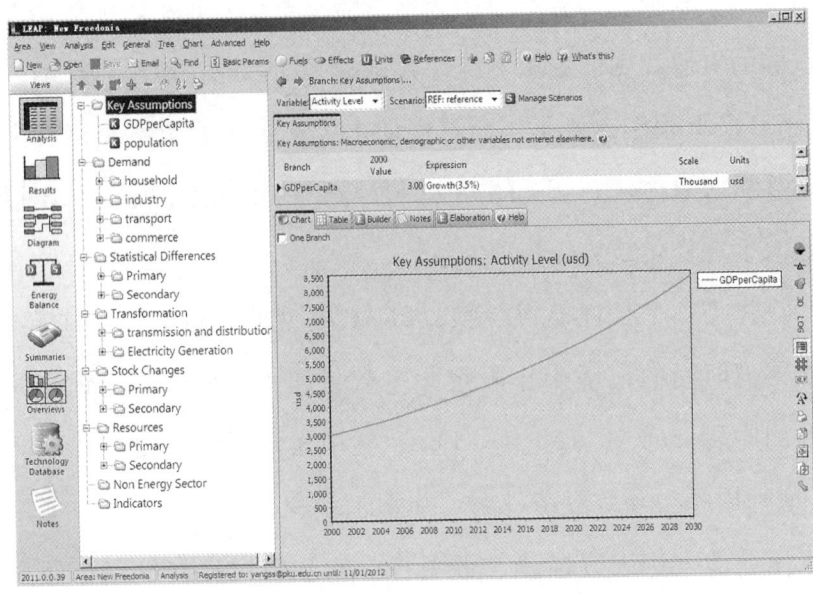

图 3-1 LEAP 模型的基本开发界面（New Freedonia）

图 3-1 中上方是各类工具条，用于新建、打开、关闭、保存模型、设置各类显示功能（包括工具条下面的各个工作框、图形显示等）、设置各类基本参数（如模型的起止时间、

货币单位、是否包含非能源部门环境影响等）、编辑功能、分析功能（如基准情景与其他情景的设计）、帮助功能，以及一系列常用按钮（相当于快捷键）。

图 3-1 各类工具条的下面由两个主要板块组成——View Bar 和 Analysis View。View Bar 位于最左侧，提供了其他几个板块的插图（包括 Analysis、Results、Diagram、Energy Balance、Summaries、Overviews、Technology Database），用于快速切换分析截面。Analysis View 分成三个部分，包括紧靠 View Bar 右方的类似于文件夹结构的工作条，其将各类数据组成一个树形结构（基本假设、能源需求、能源生产与转换、能源资源供需与进出口、非能耗碳排放等都在这里显示），使模型开发者能便捷地增减和调整各模块的分支数据；右侧上方是一个 Scenario Selection Box 和一张数据表，前者用于进行各类情景切换，用于情景赋值和分析，如下一节的现状分析，就需要在 Scenario 对应为 Current Accounts 的状态下编写，后者可以对各个参数在各个情景中赋初值、赋予变化方程、调整单位；右侧下方是结果显示，可以采用各种图表显示方案（如线图、饼图、柱图、雷达图等），同时也可以选择用表格的形式输出等。LEAP 平台上开发的各种案例没有单一的存档文件，在计算机中"我的文档"文件夹下的 LEAP Areas 文件夹下可找到同案例名文件夹，通过拷贝这一文件夹实现 LEAP 开发的各类模型在不同 PC 端下的保存。

LEAP 模型通过区域社会经济活动水平、能源强度和排放

因子来核算区域的碳排放量，其中对终端能耗和能源转换的碳排放估算有两组基本方程：[①]

$$CEF_i = \sum_p cf_p \cdot \sum_j \sum_k AL_{k,j,i} \cdot EI_{k,j,i} \cdot EF_{k,j,i,p} \quad （式3-1）$$

式3-1中，CEF_i 为部门 i 的终端能源消费所造成的碳排放总量，$AL_{k,j,i}$ 为部门 i 使用设备 j 消费第 k 类能源的活动水平，$EI_{k,j,i}$ 代表与这一活动水平对应的能源强度，$EF_{k,j,i,p}$ 为部门 i 使用设备 j 消费第 k 类能源所排放的第 p 类温室气体的量，cf_p 为第 p 类温室气体的 GWP（全球变暖潜势）值，用于将不同温室气体折算为碳当量。此外，本章中对终端能耗的计算进一步剔除了能源的非燃用部分：

$$CET_s = \sum_p cf_p \sum_m \sum_t ETP_{t,m,s} \cdot \frac{1}{f_{t,m,s}} \cdot EF_{t,m,s,p} \quad （式3-2）$$

式3-2中，CET_s 为第 s 种一次能源加工转换时所造成的碳排放总量，$ETP_{t,m,s}$ 为第 s 种一次能源使用能源转换设备 m 生产二次能源 t 的量，$f_{t,m,s}$ 为与之对应的能源转换效率，$EF_{t,m,s,p}$ 为第 s 种一次能源使用能源转换设备 m 生产二次能源 t 时排放的第 p 类温室气体的量。根据《中国能源统计年鉴》估算，2015年我国供热和火力发电的能源转换平均效率分别为72.56%和40.37%，平均碳排放因子分别为4.0517吨

---

① 冯悦怡、张力小：《城市节能与碳减排政策情景分析——以北京市为例》，《资源科学》2012年第3期。

CO_2/吨标煤热力和 6.9240 吨 CO_2/吨标煤电力（火电），计算
方式如表 3 - 1 所示。

表 3 - 1 中国热力与火电碳排放折算

能耗单位：万吨标煤

碳排放单位：万吨 CO_2e

能源品种	煤合计	焦炭	焦炉煤气	高炉煤气	转炉煤气	其他煤气	原油	汽油	柴油
产热投入	15420.58	268.14	347.70	797.62	123.22	0.91	9.56	0.1	9.06
碳排放	43340.29	844.54	452.94	6077.82	657.31	1.19	20.61	0.22	19.74

能源品种	燃料油	石油焦	液化石油气	炼厂干气	其他石油制品	天然气	液化天然气	其他能源	生产热力合计
产热投入	235.90	158.04	5.61	206.97	39.38	802.10	17.29	310.67	13606.91
碳排放	536.84	452.73	10.38	349.66	84.89	1319.84	32.66	928.95	55130.61

能源品种	煤合计	焦炭	焦炉煤气	高炉煤气	转炉煤气	其他煤气	原油	汽油	柴油
产火电投入	119741.17	5.75	969.27	6077.82	307.93	5	17.80	0.25	32.58
碳排放	336538.35	18.11	1262.63	14363.22	1642.64	6.51	38.37	0.54	70.99
产火电投入	45.03	143.08	—	79.23	16.41	3790.67	286.63	1058.97	52652.67
碳排放	102.48	409.88	—	133.85	35.37	6237.49	541.43	3166.49	364568.36

注：其他煤气、其他能源分别按 IPCC 指南的煤气公司气体、能源行业其他
主要固体生物量/城市废弃物（生物量比例）排放因子进行估算。

目前，LEAP 模型在国内已广泛用于产业结构与碳减排、
区域碳排放情景预测等研究领域，如刘晓辉和闫二旺采用

LEAP 模型模拟了 2050 年前产业结构和能源结构调整下我国工业碳排放峰值的变化;[①] 邓明翔和李巍分析了 2020 年、2030 年、2050 年不同时间段内供给侧改革背景下云南省各产业部门的碳排放变动;[②] 徐成龙等预测了 2030 年前山东产业结构调整对碳排放的影响;[③] 任建兰等同样分析了 2030 年前黄河三角洲高效生态经济区工业结构调整对碳减排潜力的影响;[④] 康俊杰等讨论了山东半岛经济区通过发展蓝色海洋经济实现 2020 年碳减排目标的可行性，以及民用、工业、交通、商业部门的节能减排贡献率;[⑤] 冯悦怡和张力小以北京为案例区域构建了城市级的 LEAP 模型，预测不同情景下北京市在 2007~2030 年间能源供需、能耗结构和碳排放的演变趋势;[⑥] 王会芝聚焦城市机动车碳排放问题，分析了天津市交通部门通过节能减排规划或各类限行、限购政策实现低碳发展的效力。[⑦]

---

① 刘晓辉、闫二旺：《能源与产业结构调整下我国工业碳排放峰值调节机制研究》，《工业技术经济》2016 年第 12 期。

② 邓明翔、李巍：《基于 LEAP 模型的云南省供给侧结构性改革对产业碳排放影响情景分析》，《中国环境科学》2017 年第 2 期。

③ 徐成龙、任建兰、巩灿娟：《产业结构调整对山东省碳排放的影响》，《自然资源学报》2014 年第 2 期。

④ 任建兰、徐成龙、陈延斌等：《黄河三角洲高效生态经济区工业结构调整与碳减排对策研究》，《中国人口·资源与环境》2015 年第 4 期。

⑤ 康俊杰、蒯文婧、李军等：《山东半岛蓝色海洋经济发展低碳效果分析》，《城市发展研究》2012 年第 12 期。

⑥ 冯悦怡、张力小：《城市节能与碳减排政策情景分析——以北京市为例》，《资源科学》2012 年第 3 期。

⑦ 王会芝：《交通能源消费碳排放情景预测研究》，《干旱区资源与环境》2016 年第 7 期。

二　基于 LEAP 模型的长江经济带碳排放现状核算

（一）　LEAP – YREB 模型设计

本研究将以长江经济带作为研究对象建立的 LEAP 模型称为 LEAP – YREB 模型（Yangtze River Economic Belt，YREB）除终端能源消费和能源转换外，本研究依据 IPCC《国家温室气体清单指南》估算了不同工业部门的生产过程碳排放。本章建立的 LEAP 模型的软件界面和体系结构分别如图 3 – 2 和表 3 – 2 所示。

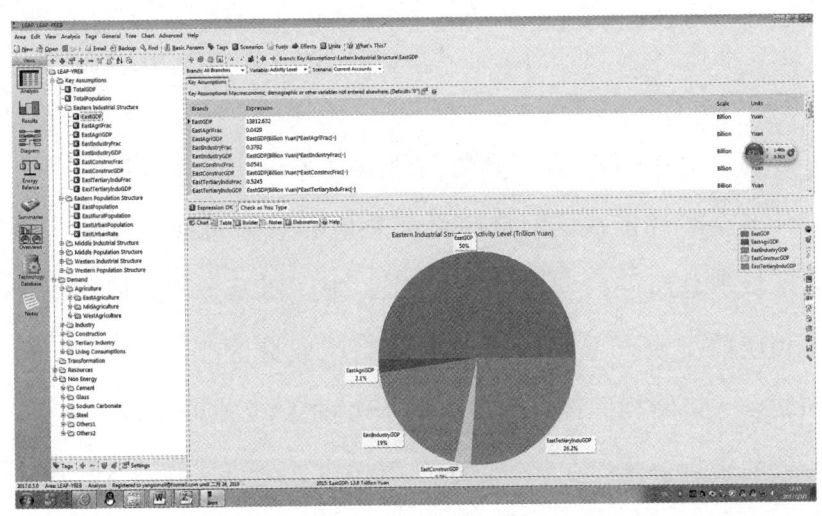

图 3 – 2　LEAP – YREB 模型构架

表 3 - 2　长江经济带碳排放 LEAP 模型体系结构简表

模型一级目录	主要涉及部类	细类说明（均按东、中、西部区域分别设计）
关键假设	经济假设	经济增速、三产结构假设
	人口假设	常住人口增速、城镇化率假设
终端能源消费	第一产业	第一产业活动水平、能源强度和用能结构
	第二产业	分工业和建筑业的活动水平、能源强度和用能结构
	第三产业	第三产业活动水平、能源强度和用能结构
	生活消费	分城镇、乡村的活动水平、能源强度和用能结构
能源加工转换	热力供应	无细类
	火力发电	无细类
工业过程排放	采掘工业	水泥、玻璃生产过程排放
	化学工业	纯碱生产过程排放
	金属工业	钢铁生产过程排放

注：模型需求数据来源于 2011 年、2016 年的《中国统计年鉴》和《中国能源统计年鉴》，终端能源类型按照不重复计算原则，包括煤、焦炭、油品能源、天然气、液化天然气、热力和电力，均按折标系数将实物量折算为标煤量。

（1）在 LEAP - YREB 的关键假设（Key Assumptions）中，设计了全经济带整体的地区生产总值和总人口参数（由三个子区域加总而得）；关键假设中东、中、西三个子区域都设计了相应的三次产业结构（其中第二产业分为工业和建筑业）和城乡人口结构假设，图中右侧上方的 Expression 部分为对应参数的表达公式，在 Scenario 为 Current Accounts 状态下，这一部分为各个参数的 2015 年现状值和表达公式。

（2）能源需求（Demand）一级目录共分为农业、工业、建筑业、第三产业和生活消费 5 个子目录，其中每一个子目录又按照东、中、西 3 个子区域分别核算，由于数据获取问题，暂不涉及生产和生活部门中更具体的分组，只考虑到产业整体的化石能源消费结构变化，故选择 Category with Energy Intensity 文件类型（显示为绿色文件夹标志），然后在每一个分支下依次添加各种能源消费分类类型选择 Technology with Energy Intensity，包括 Coal（煤）、Coke（焦炭）、Oil（油）、NaturalGas（天然气）、LPG（液化石油气）、LNG（液化天然气）、Heat（热力）和 Electricity（电力），由于本研究中热力和电力不计入终端能耗碳排放，这里的 Heat 和 Electricity 分支仅在形式上保持能源消费结构的完整，并不在其下添加碳排放模块，设置 Fuel 项，且给每一个能源品种按 IPCC tier1 增加碳排放因子（缺省会增加碳排放和各类大气污染物，如 CO_2、CO、CH_4、非 CH_4 挥发有机物、NO_x、N_2O、SO_2 等，为简便起见，LEAP – YREB 模型中暂仅保留了 CO_2 项目）。

（3）非能耗碳排放一级目录（Non-energy）按照长江经济带各省工业产品统计范围，分为水泥、平板玻璃、纯碱、钢铁 4 类，每一类又按照东、中、西 3 个子区域分别核算，排放因子参考第二章表 2 - 4。此外，由于能源加工转换碳排放缺乏装备工艺等必要参数，将能源加工转换碳排放部分也放入 Non-energy 目录下核算（因为这一目录下的排放因子均由建模者自行添加，不采用模型自动连接排放因子数据库，其中 Others1 代表热力，Others 2 代表火电），其排放因子采用上节的核算结果，但在结果数据处理时将 Others1 和 Others 2 的数据挑出单独统计。

在完成现状参数赋值后，为了使 LEAP – YREB 模型能够用于未来年份的情景分析，还要进一步完成各个情景下各类基础参数未来变动的设置，本章中具体情景的描述见上文所述，这里仅对模型的实现和操作方式进行介绍。

首先需要完善模型情景分析的各类基本参数，在 General 选项下选择 Basic Parameters，以 2015 年为基年，2016 ~ 2030 年为预测时间段，仿真步进时间为 1 年，能源单位为吨标煤，价值单位为元，单位在 Default Units 中调整。此外，由于本研究要计算非能耗碳排放，在 Scope 中除缺省模块外，还应选择 Non-energy Sector Environmental Loadings，参考设置如图 3 – 3 所示。

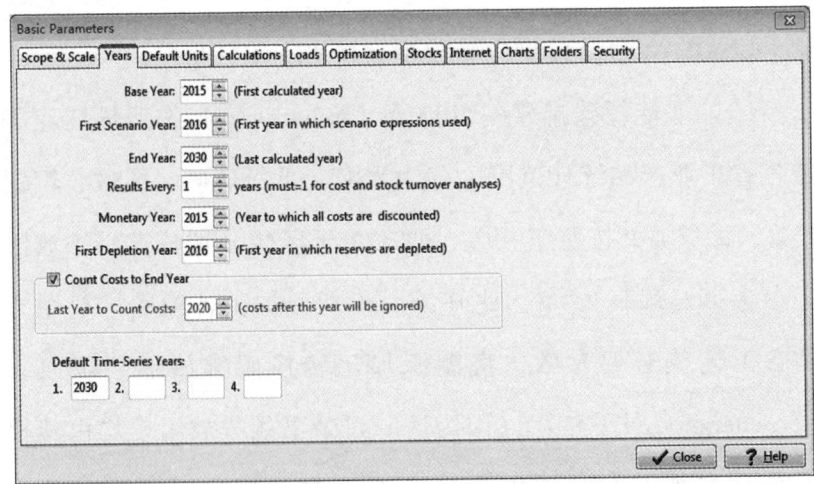

图 3 – 3　LEAP – YREB 模型的部分基本参数设置

　　然后对参数进行各类情景下的趋势赋值，以基准情景
（Scenario 选择 Basic Scenarios）下东部区域产业结构调整为
例，设置情况如图 3-4 所示。

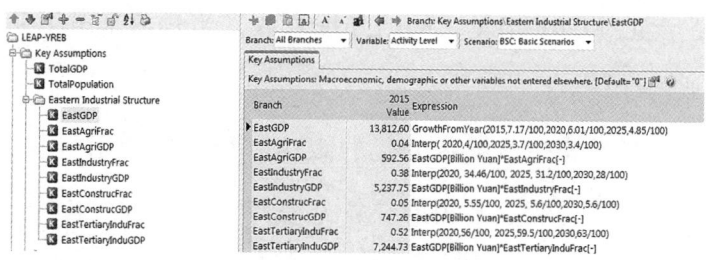

**图 3-4　基准情景下经济带（东部）区域产业结构
调整参数设置的模型实现**

　　由图 3-4 可见，通过年均增长和插值函数，可对特定区
域的地区生产总值和不同时间节点产业结构比例进行调整。类
似的，可以通过插值函数和产品需求弹性系数对各产业的能源
消费结构变化和涉工业过程碳排放产品产量变化进行设置，如
图 3-5 所示。

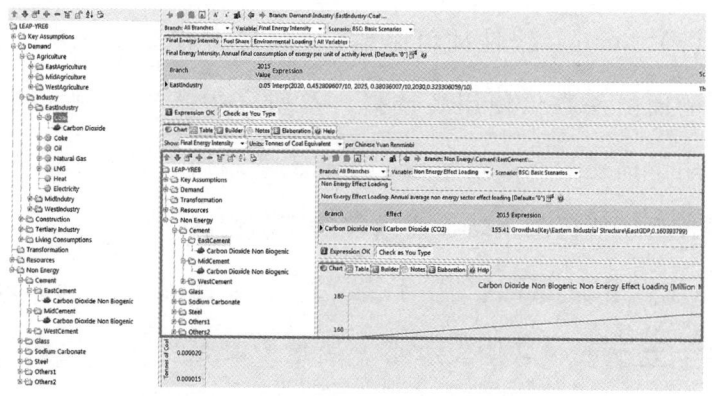

**图 3-5　基准情景下能源消费结构调整和工业过程
碳排放参数设置的模型实现**

图 3-5 以经济带东部区域工业部门燃煤消费占比为例说明了如何进行情景分析中能源消费结构变化的设置，灰色框中以东部区域水泥生产为例，说明了如何通过产品需求弹性系数（产品增量与 GDP 增量之间的弹性系数）来预测未来工业过程碳排放的变化。

在情景分析中，参数变化的表达方程需要使用很多 LEAP 模型中的缺省方程，常用的缺省方程如下。

（1）Growth From Year：用于设置增长率的函数，表示参数在不同的时间段内的平均增速，在 LEAP - YREB 模型中主要被用于描述各区域经济总量和总人口在不同年份的增长速度。

（2）Growth As：表示某一参数随另一参数同步增长的幅度，在 LEAP - YREB 模型中主要被用于描述工业过程碳排放中，区域水泥、平板玻璃、纯碱、钢铁产品产量增量随区域的地区生产总值增量同步变动的情况。

（3）Interp：线性插值函数，在 LEAP 模型中提供了多种不同的插值函数供使用者选择，本研究中统一使用了线性插值，用于描述三次产业结构、能源消费结构、城镇化率、能源利用效率、能源加工转换需求等的变动情况。

（4）Remainder：用于描述比例的函数，Remainder（100）与 Shares 联用表示某一变量中其他变量占比变动后，最后一变量所占比例（即所有分支之和为 100%），在 LEAP - YREB 模型中主要被用于确保各类和比例变化有关参数的之和为 100%。在 LEAP 模型中对比例的描述还有另一个常用单位 saturations，用于描述比例之和不为 100% 的参数（一个简单的例子是，某一区域居民家庭家用电器构成，使用冰箱、电视机、空调的家里比例，显然它们之和可以超过 100%）。

（二）长江经济带碳排放现状分析

本研究中，将长江下游流域的安徽省放入中部区域考察（一方面由于安徽省属于中部六省范围，另一方面查阅安徽省"十三五"国民经济与社会发展规划可知，其经济社会发展和能源消费目标与其他中部省份更为接近），故不按照上游、中游、下游的地理区位划分，而按照经济带东部区域（上海、江苏、浙江 3 省市）、中部区域（安徽、江西、湖北、湖南 4 省）和西部区域（重庆、四川、贵州、云南 4 省市）划分研究，各区域及省份 2015 年能源终端消费和加工转换现状如表 3 - 3 至表 3 - 5 所示。其中，终端能耗消费量表中未体现热力和电力终端消费，这两者也属于终端消费的一部分，但其碳排放在终端消费部门被计为 0，生产热力和火电带来的碳排放被计入能源加工转换碳排放部分，因此表 3 - 3 至 3 - 5 中终端能耗部分略去热力和电力（包括水电、风电等各类电力），但在能源加工转换量中分别计算供热和火力发电情况。

表 3 - 3　长江经济带东部区域终端能耗和能源加工转换核算
（2015 年）

地区	部门	终端能源消费量（实物量）					能源加工转换量（实物量）	
		煤合计（万吨）	焦炭（万吨）	油品合计（万吨）	天然气（亿立方米）	液化天然气（万吨）	供热（万百万千焦）	火力发电（亿千瓦时）
上海	农业	1.1		32.6	0.01		6908.33	810.34
	工业	746.73	630.75	1129.28	31.47	1.35		
	工业中用于原料	204.94		686.09				
	建筑业	10.68		72.36	0.09			
	第三产业	59.79		1865.27	9.98			
	城市生活	24.81		261.1	11.21			
	乡村生活	5.4		72.3	2.29			
江苏	农业	50.47		225.49			56970.4	4160.63
	工业	5041.34	3588.61	826.53	68.28	8.76		
	工业中用于原料	708.47	14.35	475.14	1.5	0.05		
	建筑业	2.48		172.61	0.01			
	第三产业	10.63		1277.3	12.65	8.06		
	城市生活	0.05		330.07	18.04			
	乡村生活	6.21		104.35				
浙江	农业	6		235			43645.78	2261.42
	工业	3270.18	427.56	743.06	30.22	14.63		
	工业中用于原料	122.39	0.8	164.63	0.22	0.14		
	建筑业	15		181.4	0.02			
	第三产业	82.21		1189.21	5			
	城市生活	20		239	13.1			
	乡村生活	43		225				

续表

区域	部门	终端能源消费量（标准量）					能源加工转换量（标准量）	
		煤合计	焦炭	油品合计	天然气	液化天然气	供热	火力发电
东部区域	农业	41.12	0.00	704.43	0.13	0.00	3668.74	8888.61
	工业	6470.31	4514.02	3855.61	1728.60	43.47		
	工业中用于原料	739.87	14.72	1894.12	22.88	0.33		
	建筑业	20.11	0.00	609.11	1.60	0.00		
	第三产业	109.02	0.00	6188.38	367.48	14.16		
	城市生活	32.04	0.00	1185.98	563.26	0.00		
	乡村生活	39.01	0.00	573.80	30.46	0.00		

注：表中能耗采用标准量的单位一律为万吨标准煤。

表 3 – 4 长江经济带中部区域终端能耗和能源加工转换核算（2015 年）

地区	部门	终端能源消费量（实物量）					能源加工转换量（实物量）	
		煤合计（万吨）	焦炭（万吨）	油品合计（万吨）	天然气（亿立方米）	液化天然气（万吨）	供热（万百万千焦）	火力发电（亿千瓦时）
安徽	农业	56.79		90.08			7986.03	1988.92
	工业	4237.63	1164.77	284.68	12.2	1.07		
	工业中用于原料	446.5	5.7	47.77				
	建筑业	27.47		78.78				
	第三产业	127.31		717.29	8.54			
	城市生活	53.43		139.48	13.58			
	乡村生活	202.65		93.14	0.22			

续表

地区	部门	终端能源消费量（实物量）					能源加工转换量（实物量）	
		煤合计（万吨）	焦炭（万吨）	油品合计（万吨）	天然气（亿立方米）	液化天然气（万吨）	供热（万百万千焦）	火力发电（亿千瓦时）
江西	农业	18		59			1491.45	780.47
	工业	2992.14	891.7	227.66	10.29	6.61		
	工业中用于原料	304.33	3.9	23.27				
	建筑业	2		37.71				
	第三产业	52.5		536.05	1.2	1.2		
	城市生活	32		95.2	3.82	2		
	乡村生活	136		47	0.09			
湖北	农业	216.56		168.18			8953.01	993.86
	工业	4865.7	1030.01	707.44	14.38	0.61		
	工业中用于原料	825.23	48.52	246.26	0.75	0.01		
	建筑业	125.45		174.56				
	第三产业	565.46		1176.38	14.16	0.89		
	城市生活	217.17		167.77	6.76	1.58		
	乡村生活	357.33		150.99		0.23		
湖南	农业	474.1	26.84	20.56	0.08		9755.65	710.75
	工业	4291.61	843.04	327.81	13.23	2.53		
	工业中用于原料							
	建筑业	212.19		74.63	0.08			
	第三产业	1106.55		979.36	6.98	3.57		
	城市生活	175.96		186.81	5.09	0.04		
	乡村生活	423.53		102.19	0.09			

区域	部门	终端能源消费量（标准量）					能源加工转换量（标准量）	
		煤合计	焦炭	油品合计	天然气	液化天然气	供热	火力发电
中部区域	农业	546.76	26.07	482.61	1.06	0.00	961.71	5498.55
	工业	11705.29	3817.14	2210.89	666.33	19.01		
	工业中用于原料	1125.78	56.46	453.29	9.98	0.02		
	建筑业	262.23	0.00	522.41	1.06	0.00		
	第三产业	1322.76	0.00	4870.21	410.70	9.95		
	城市生活	341.84	0.00	841.82	389.03	6.36		
	乡村生活	799.67	0.00	561.90	5.32	0.40		

注：表中能耗采用标准量的单位一律为万吨标准煤。

表 3－5　长江经济带西部区域终端能耗和能源加工转换核算（2015 年）

地区	部门	终端能源消费量（实物量）					能源加工转换量（实物量）	
		煤合计（万吨）	焦炭（万吨）	油品合计（万吨）	天然气（亿立方米）	液化天然气（万吨）	供热（万百万千焦）	火力发电（亿千瓦时）
重庆	农业	61.96		20.16	0.88		4325.1	447.45
	工业	3143.27	269.91	52.32	47.58			
	工业中用于原料				34.04			
	建筑业	21.98		45.31	0.23			
	第三产业	64.74		580.34	11.67			
	城市生活	1.71		67.97	24.94			
	乡村生活	44.16		26.38				

续表

地区	部门	终端能源消费量（实物量）					能源加工转换量（实物量）	
		煤合计（万吨）	焦炭（万吨）	油品合计（万吨）	天然气（亿立方米）	液化天然气（万吨）	供热（万百万千焦）	火力发电（亿千瓦时）
四川	农业	7.71	10.92	166.2	0.01		4202.57	450.32
	工业	4321.37	1835.19	975.36	94.48	2.6		
	工业中用于原料	276.46	62.76	1.25	32.9			
	建筑业	23.52	4.2	212.34	0.04			
	第三产业	58.62	3	1029.69	14.85	62.91		
	城市生活			220.52	34.72			
	乡村生活	257.82		141.44	4.51			
贵州	农业	168.4		8.28			47.9	1071.15
	工业	2587.86	310.42	73.48	5.84	0.96		
	工业中用于原料	462.49	26.32	20.81	1.3			
	建筑业	30.5		31.77				
	第三产业	2143.56		697.08	1.4			
	城市生活	145.59		16.95	3.53			
	乡村生活	590.7		13.05	0.17			
云南	农业	245.94	2.46	27.54	0.01		304.12	277.85
	工业	2987.93	876.61	141.78	6.08	0.14		
	工业中用于原料	673.13	43.02	50.42				
	建筑业	35.39		61.72				
	第三产业	221.96		764.52	0.1	0.29		
	城市生活	24.9	0.12	65.28	0.01			
	乡村生活	331.17	0.15	63.01				

地区	部门	终端能源消费量（标准量）					能源加工转换量（标准量）	
		煤合计	焦炭	油品合计	天然气	液化天然气	供热	火力发电
西部区域	农业	345.73	13.00	317.41	11.97	0.00	302.98	2761.28
	工业	9314.78	3197.98	1775.66	2047.93	6.50		
	工业中用于原料	1008.65	128.32	103.54	907.59	0.00		
	建筑业	79.57	4.08	501.64	3.59	0.00		
	第三产业	1777.81	2.91	4388.13	372.67	111.06		
	城市生活	123.00	0.12	529.61	840.56	0.00		
	乡村生活	874.20	0.15	348.41	62.24	0.00		

注：表中能耗采用标准量的单位一律为万吨标准煤。

能源消费结构方面，目前长江经济带终端能耗占总能耗的比重约为 70%，其中东、中和西部区域这一占比分别为 69.71%、71.99% 和 68.35%，这一计算能耗占比结果要显著高于第二章中的终端能耗碳排放占比结果，这是由于在本章中终端能耗占比还包括了热力和电力（含各类电力）部分，而热力和火电的碳排放则全部计入了能源加工转换碳排放部分（即这一计算的 70% 的占比与能源加工转换部分有重复计算，能源加工转换能耗占比要高于剩余的 30% 部分，其生产的热力和火电又作为终端能耗而被消费）。

终端能耗消费结构方面（热力和电力的终端使用在上述表中以表格过长未体现，这里直接给出分析结果），煤和焦炭占比为 25% ~ 50%，东、中和西部区域这一占比分别为

26.30%、49.66%和46.85%；油品能源占比为20%~30%，东、中和西部区域这一占比分别为21.42%、18.03%和16.00%；天然气和液化天然气占比为5%~10%，东、中和西部区域这一占比分别为6.44%、3.98%和10.29%；热力终端使用占比为5%~10%，东、中和西部区域这一占比分别为8.70%、2.65%和0.95%；电力终端使用占比为20%~30%，东、中和西部区域这一占比分别为27.83%、18.66%和18.49%。终端能耗分部门消费方面，工业和第三产业的能耗占比最为突出且比例接近，其中工业能耗占比约为65%，在东、中和西部区域分别为66.95%、63.24%和62.04%；第三产业能耗占比约为20%，在东、中和西部区域分别为20.14%、20.14%和22.09%。

能源加工转换能耗方面，东部区域的供热和火电的能源消费均明显高于中部和西部区域，这可能与水力发电等其他发电资源禀赋更多向中、西部区域集中有关。

按照区域分省市数据，对工业过程碳排放设计的工业产品进行核算，结果如表3-6所示。

表3-6　长江经济带影响工业过程碳排放的产品生产情况
（2015 年）

区域	水泥 （万吨）	平板玻璃 （万重量箱）	纯碱 （万吨）	粗钢 （万吨）
上海	670.80	1.51	0.00	2214.27
江苏	15829.74	5731.50	267.28	6243.38

续表

省市	水泥 （万吨）	平板玻璃 （万重量箱）	纯碱 （万吨）	粗钢 （万吨）
浙江	11317. 16	4136. 72	12. 66	1228. 53
安徽	8068. 91	1044. 29	35. 36	1855. 59
江西	6262. 68	437. 30	0. 00	1911. 37
湖北	9000. 96	4653. 04	143. 04	2788. 46
湖南	8748. 85	1757. 32	47. 09	1767. 14
重庆	4621. 05	678. 61	106. 52	456. 63
四川	13377. 54	4417. 17	170. 78	1581. 18
贵州	3809. 60	177. 18	0. 00	360. 48
云南	5786. 17	736. 08	14. 33	1293. 77
东部区域	27817. 70	9869. 73	279. 94	9686. 18
中部区域	32081. 40	7891. 95	225. 49	8322. 56
西部区域	27594. 36	6009. 04	291. 63	3692. 06

利用上述现状数据，采用 LEAP - YERB 模型运行结果显示，2015 年长江经济带 11 个省份碳排放总量 41. 61 亿吨 CO_2，其中终端能源消费碳排放 18. 66 亿吨，占 44. 85%；能源加工转换碳排放 13. 87 亿吨，占 33. 34%；工业过程碳排放 9. 08 亿吨，占 21. 81%。研究中将长江经济带分为东部区域、中部区域和西部区域分别核算，具体情况如表 3 - 7 所示。

由表 3 - 7 可知，2015 年尽管东部区域万元 GDP 碳排放强度 1. 19 吨 CO_2/万元，在 3 个区域中最低（中部区域 1. 50 吨 CO_2/万元、东部区域 1. 52 吨 CO_2/万元），但从绝对量上看，东部区域碳排放在整个长江经济带中占比最大，达到总量的 39. 43%，同时，中部区域（34. 96%）和西部区域（25. 61%）

表 3 - 7　长江经济带各区域碳排放现状核算结果（2015 年）

单位：亿吨 CO_2，%

项目	部门	东部区域		中部区域		西部区域	
		碳排放量	占总量比例	碳排放量	占总量比例	碳排放量	占总量比例
终端能耗碳排放	第一产业	0.161	0.98	0.258	1.77	0.167	1.57
	工业	3.481	21.21	4.378	30.09	3.632	34.08
	建筑业	0.135	0.82	0.183	1.26	0.130	1.22
	第三产业	1.408	8.58	1.464	10.06	1.496	14.04
	城镇生活	0.353	2.15	0.336	2.31	0.283	2.66
	乡村生活	0.138	0.84	0.338	2.32	0.322	3.02
能源加工转换碳排放	热力供应	1.486	9.06	0.390	2.68	0.123	1.15
	火力发电	6.154	37.50	3.807	26.17	1.912	17.94
工业过程碳排放	水泥生产	1.554	9.47	2.371	16.30	2.101	19.72
	玻璃生产	0.010	0.06	0.014	0.10	0.007	0.07
	纯碱生产	0.004	0.02	0.003	0.02	0.003	0.03
	钢铁生产	1.525	9.29	1.006	6.92	0.480	4.50
终端能耗碳排放的化石能源贡献	煤及焦炭	2.843	50.10	4.789	68.85	3.964	65.73
	油品能源	2.386	42.05	1.922	27.62	1.649	27.36
	天然气	0.446	7.85	0.245	3.52	0.417	6.91

此特征与前人其他相近年份研究结果一致。[1] 终端能耗中的工业、第三产业，能源转换中的火力发电，工业过程中的水泥、钢铁生产是各区域主要的碳排放贡献源，此外东部区域的热力供应碳排放占比较高，这些部门是目前碳减排的关键部门。终端能耗碳排放中，煤品能源碳排放为最主要贡献源，在各区域中均超过50%。

---

[1]　李建豹、黄贤金：《基于空间面板模型的碳排放影响因素分析——以长江经济带为例》，《长江流域资源与环境》2015 年第 10 期；黄国华、刘传江、赵晓梦：《长江经济带碳排放现状及未来碳减排》，《长江流域资源与环境》2016 年第 4 期。

三　长江经济带分区域/部门碳排放趋势情景分析（2016～2030年）

（一）情景假设

为研究长江经济带未来碳排放变化趋势，本章中设计了以下三类不同的发展情景。

（1）基准情景：依据长江经济带11个省份"十三五"规划目标（2020年经济社会发展主要目标），并按照2010～2020年社会、经济、能源系统发展的主要趋势，确定 LEAP 模型中长江经济带分区域重要时间节点（2020年、2025年和2030年）的关键假设和各个子部门的生产、消费和能耗参数，这可能是最接近于未来发展的情景。

（2）HA－LI（高调整低增长）情景：相对于基准情景，假设碳减排投入更大成本，经济增速相对放缓，城乡结构、三次产业结构、能源利用效率和能源消费结构优化速度提升，工业过程碳排放涉及的工业产品消费弹性下降，生产工艺技术提升。

（3）LA－HI（低调整高增长）情景：相对于基准情景，假设继续以高投资拉动经济增长，以追求经济总量提升为主要目标，城乡结构、三次产业结构、能源利用效率和能源消费结构优化速度弱于基准情景，工业过程碳排放涉及的工业产品消费弹性上升。

为确定各类情景下参数假设情况，本章主要采用了两套方法。一是对社会经济类指标，利用各长江经济带 11 个省份"十三五"规划目标，确定基准情景的参数，再向两侧扩展确定 HA－LI 和 LA－HI 情景参数，采集的规划目标如表 3－8 所示。二是对能源消费结构的变化，依据"十二五"期间各区域能源消费结构的变化幅度（2015 年末较 2010 年末变化幅度）确定基准情景的变化幅度（由于未来调整速度会逐步减缓，按照未来 15 年调整速度为"十二五"期间调整速度的一半估算），然后再向两侧扩展确定 HA－LI 和 LA－HI 情景参数，能源结构累计变动情况如表 3－9 至表 3－14 所示。

表 3－8　长江经济带各省市"十三五"规划目标采集表
（2016～2020 年）

地区	GDP（2015 年当年价，亿元）	"十三五"期间 GDP 年均增速（%）	2020 年第二产业占比(%)	2020 年第三产业占比(%)	2020 年常住人口城镇化率（%）	2020 年费化石能源占一次能源比重(%)	"十三五"期间万元 GDP 能耗累计下降（%）
上海	25123.45	6.5		70			按国家标准，累计下降15%
江苏	70116.38	7.5		53	67	10	
浙江	42886.49	7.0		53	70		
安徽	22005.63	8.5	50	41.5	56	5.50	按国家标准，累计下降15%
江西	16723.78	8.5	50	42	60	11	
湖北	29550.19	8.5		48	61	15.5	
湖南	28902.21	8.5		48	58	15.6	
重庆	15717.27	9.0		50			
四川	30053.1	7.0		45	54	34.2	
贵州	10502.56	10.0	43.2	45.8	50	15	
云南	13619.17	8.5		50	50		

表 3 – 9 "十二五"期间长江经济带东部区域终端能耗结构累计变动

单位：%

部门	煤合计	焦炭	油品合计	天然气	液化天然气	热力终端使用	电力终端使用
农业	- 0. 9276	0. 0000	- 2. 4010	0. 0157	0. 0000	0. 0000	3. 3129
工业	- 4. 4713	0. 9276	- 2. 0557	2. 9100	0. 0975	0. 4806	2. 1114
工业中用于原料	6. 2979	- 1. 8373	7. 0380	1. 3234	0. 7680	0. 0000	0. 0000
建筑业	- 0. 1480	0. 0000	- 3. 3999	0. 1789	0. 0000	0. 0620	3. 3070
第三产业	- 0. 8621	0. 0000	- 3. 4701	2. 6668	0. 1648	- 1. 6988	3. 1994
城市生活	- 2. 0036	0. 0000	- 2. 6027	7. 6056	0. 0000	- 0. 6976	- 2. 3017
乡村生活	- 2. 8887	0. 0000	1. 5122	0. 6131	0. 0000	0. 0009	0. 7624

表 3 – 10 长江经济带东部区域 2030 年终端能耗结构估计（基准情景）

单位：%

部门	煤合计	焦炭	油品合计	天然气	液化天然气	热力终端使用	电力终端使用
农业	3. 4550	0. 0000	79. 4175	0. 0392	0. 0000	0. 0000	17. 0883
工业	15. 9370	17. 1890	10. 4098	10. 4145	0. 2984	13. 0583	32. 6929
工业中用于原料	20. 8817	0. 0000	59. 6835	3. 3085	1. 9200	0. 0000	0. 0000
建筑业	2. 2860	0. 0000	70. 8464	0. 4674	0. 0000	0. 1690	26. 2312
第三产业	0. 0000	0. 0000	66. 4231	8. 2294	0. 4097	0. 0000	24. 9378
城市生活	0. 0000	0. 0000	40. 2917	32. 1061	0. 0000	0. 0000	27. 6023
乡村生活	0. 0000	0. 0000	48. 1937	3. 3481	0. 0000	0. 0023	48. 4559

表 3 – 11　"十二五"期间长江经济带中部区域终端能耗结构
累计变动

单位：%

部门	煤合计	焦炭	油品合计	天然气	液化天然气	热力终端使用	电力终端使用
农业	8.3688	1.0550	1.9956	0.0807	0.0000	0.0000	– 11.5000
工业	– 7.7976	0.1753	3.2000	1.3468	0.0035	0.0681	3.0040
工业中用于原料	4.3627	1.3127	14.1102	1.3719	0.0924	0.0000	0.0000
建筑业	7.4641	0.0000	– 9.5266	– 0.1125	0.0000	– 0.0248	2.1998
第三产业	– 4.9934	0.0000	0.5652	1.9501	– 0.0266	– 0.0047	2.5094
城市生活	– 17.8661	0.0000	10.9151	8.9301	0.0675	– 0.5907	– 1.4559
乡村生活	– 12.7304	0.0000	11.5675	0.0941	0.0207	0.0000	1.0481

表 3 – 12　长江经济带中部区域 2030 年终端能耗结构估计
（基准情景）

单位：%

部门	煤合计	焦炭	油品合计	天然气	液化天然气	热力终端使用	电力终端使用
农业	55.0462	3.5188	41.2401	0.1949	0.0000	0.0000	0.0000
工业	37.1453	16.1904	14.0252	4.8005	0.0845	4.0808	23.6732
工业中用于原料	16.1618	3.4482	41.6682	3.5548	0.2311	0.0000	0.0000
建筑业	40.4790	0.0000	44.0796	0.0000	0.0000	0.0000	15.4413
第三产业	9.8418	0.0000	64.6613	8.3065	0.0905	0.1625	16.9375
城市生活	0.0000	0.0000	47.0451	26.9431	0.3354	0.7307	24.9457
乡村生活	21.8886	0.0000	46.1494	0.4138	0.0518	0.0000	31.4965

表 3 - 13 "十二五"期间长江经济带西部区域终端能耗结构累计变动

单位：%

部门	煤合计	焦炭	油品合计	天然气	液化天然气	热力终端使用	电力终端使用
农业	- 13. 2517	- 1. 6594	13. 3358	0. 3805	0. 0000	0. 0000	1. 1949
工业	- 5. 0638	- 1. 4228	4. 6712	- 0. 9803	0. 0264	0. 1279	2. 6414
工业中用于原料	1. 7026	- 1. 0964	- 4. 1626	10. 1154	0. 0000	0. 0000	0. 0000
建筑业	- 3. 5614	- 0. 6000	19. 9701	- 13. 3651	0. 0000	0. 0000	- 2. 4437
第三产业	4. 3376	- 0. 1086	- 7. 8699	0. 7641	1. 4634	0. 0013	1. 4121
城市生活	- 7. 5475	- 0. 0081	11. 6833	- 3. 3673	- 0. 1237	0. 0292	- 0. 6659
乡村生活	- 22. 1670	0. 0006	10. 9825	3. 5906	0. 0000	0. 0000	7. 5932

表 3 - 14 长江经济带西部区域 2030 年终端能耗结构估计（基准情景）

单位:%

部门	煤合计	焦炭	油品合计	天然气	液化天然气	热力终端使用	电力终端使用
农业	27. 2764	0. 0000	63. 0254	2. 1944	0. 0000	0. 0000	7. 5038
工业	37. 1142	13. 2158	15. 5298	8. 3595	0. 0708	1. 7229	23. 9871
工业中用于原料	13. 3824	2. 3680	0. 0000	59. 4906	0. 0000	0. 0000	0. 0000
建筑业	4. 7432	0. 0000	82. 9851	0. 0000	0. 0000	0. 0000	12. 2716
第三产业	30. 4398	0. 0000	47. 3038	6. 1634	3. 6879	0. 0031	12. 4020
城市生活	0. 0000	0. 0000	39. 8872	32. 2378	0. 0000	0. 0691	27. 8059
乡村生活	17. 2538	0. 0094	36. 6020	8. 9819	0. 0000	0. 0000	37. 1529

类似的，还可以计算出东、中、西三大区域"十二五"期间各个终端用能部门万元增加值或居民人均能耗的变化幅度

（涉价格因素参数，均折算为 2015 年价格），作为情景分析中能源利用效率变化的参考，但要注意的是虽然产业部门万元增加值能耗呈下降趋势，但城乡居民人均能耗随生活水平的提升而呈上升趋势，如表 3 - 15 所示。

表 3 - 15　长江经济带分部门"十二五"终端能源利用效率累计变动

单位：%

终端能耗部门	农业终端能耗强度	工业终端能耗强度	建筑业终端能耗强度	第三产业终端能耗强度	城镇居民人均生活能耗	乡村居民人均生活能耗
东部区域	- 15.7522	- 11.0728	- 17.8916	- 28.6384	28.3525	48.4456
中部区域	- 18.6315	- 30.9721	- 6.0256	- 18.8531	25.8872	88.4974
西部区域	- 42.9552	- 21.7133	- 23.4824	- 26.6336	11.2048	33.2663
全经济带	- 26.0538	- 20.3286	- 15.1416	- 23.8907	22.2552	55.6226

表 3 - 15 中给出了各部门终端能源利用效率的累计变化，类似地还可以得到区域万元增加值能源加工转换需求的累计变化，这里不一一赘述。在完成对能耗碳排放各类情景分析的参数设计后，可以进一步求出"十二五"期间涉工业过程碳排放的四类产品的需求弹性系数，作为情景分析的参数参考，如表 3-16 所示。

表 3 - 16　"十二五"期间长江经济带涉工业过程碳排放的工业产品需求弹性系数

区域与产品	水泥	平板玻璃	纯碱	粗钢
东部区域	0.1604	0.0164	0.2300	0.9409
中部区域	0.6819	1.0981	0.4423	0.2507
西部区域	0.6826	0.2903	- 0.3601	0.3587

最终，以基准情景参数向两侧设计 HA - LI 和 LA - HI
情景参数，得到 3 类发展情景的基本假设条件如表 3 - 17
所示。

表 3 -17　不同情景经济—社会—能源主要参数假设

类别	指标	情景	东部区域		中部区域		西部区域	
			2020 年	2030 年	2020 年	2030 年	2020 年	2030 年
经济社会发展假设	GDP 年平均增速（％）	基准	7.17	4.85	8.5	6	8.22	6.2
		HA - LI	6.2	4	7.5	5	7.22	5.2
		LA - HI	8.5	6.5	10	7.5	10	7.8
经济社会发展假设	三次产业结构	基准	4 : 40 : 56	3.4 : 33.6 : 63	8.6 : 45.9 : 45.5	4.4 : 42.7 : 52.9	10.2 : 42.5 : 47.3	6.2 : 42.1 : 51.7
		HA - LI	3.5 : 38.1 : 58.4	2.9 : 31.8 : 65.3	7.5 : 44.1 : 48.4	3.4 : 40.9 : 55.7	9.2 : 41.5 : 49.3	5.2 : 40.0 : 54.8
		LA - HI	4 : 42 : 54	3.6 : 38.2 : 58.2	10 : 45.5 : 44.5	8 : 42.6 : 49.4	11 : 43 : 46	9 : 42.5 : 48.5
	城镇化率（％）	基准	71.31	75	58.62	71	54.65	68.5
		HA - LI	73	78	60	75	56	72
		LA - HI	70	71	56	64	52	60
终端能源消费	各产业终端能源强度五年累计下降	基准	第一产业、工业、建筑业、服务业单位 GDP 能耗下降达到国家相关规划要求					
		HA - LI	第一产业、工业、建筑业、服务业单位 GDP 能耗下降高于国家相关规划要求（5 个百分点左右）					
		LA - HI	第一产业、工业、建筑业、服务业单位 GDP 能耗下降低于国家相关规划要求（5 个百分点左右）					
	城乡生活能源强度（吨标煤/人·年）	基准	0.285	0.370	0.227	0.295	0.277	0.322
		HA - LI	0.271	0.325	0.216	0.259	0.263	0.316
		LA - HI	0.299	0.420	0.238	0.335	0.291	0.409

续表

类别	指标	情景	东部区域		中部区域		西部区域	
			2020 年	2030 年	2020 年	2030 年	2020 年	2030 年
能源加工转换	供热、火力发电需求	基准	单位 GDP 供热和火力发电需求按历史趋势外推					
		HA - LI	单位 GDP 供热和火力发电需求下降幅度高于基准情景					
		LA - HI	单位 GDP 供热和火力发电需求下降幅度低于基准情景					
工业过程碳排放	相关工业产品需求	基准	相关产品需求弹性与"十二五"常年情况保持一致、技术水平提升适中					
		HA - LI	相关产品需求弹性低于"十二五"常年情况、技术水平提升较快					
		LA - HI	相关产品需求弹性高于"十二五"常年情况、技术水平提升较慢					

注：模型中涉及货币单位的均转换为 2015 年价格，受篇幅所限，未给出 2025 年情景设计参数。

（二）情景仿真结果分析

利用本章构建的 LEAP 模型对长江经济带在上述 3 种情景下 2015～2030 年碳排放进行了仿真模拟，总体情况如图 3-6 所示。

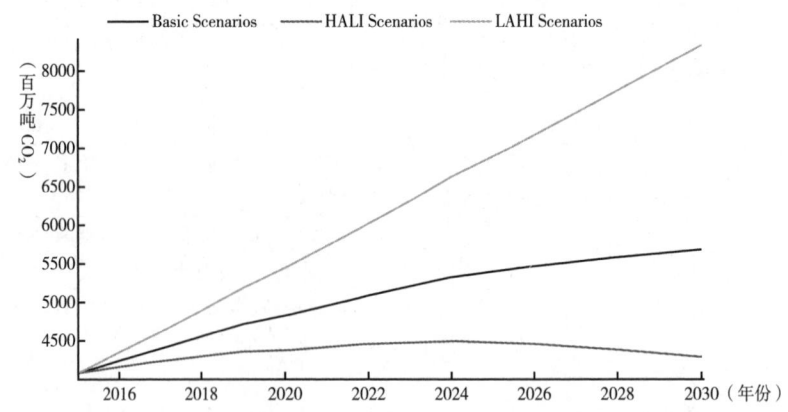

图 3-6　各情景下长江经济带碳排放量变化趋势

注：2015～2030 年，LEAP 模型直接绘图。

由图 3 - 6 可知，按照规划目标类推的基准情景基本可以达到 2030 年左右碳排放达峰的目标，2030 年的排放量 57.28 亿吨 CO_2，年增长率仅为 0.73%，已经接近峰值，碳排放强度 0.73 吨 CO_2/万元 GDP，较 2015 年累计下降 46.83%。HA - LI 情景则在 2024 年即可达到碳排放峰值（45.71 亿吨 CO_2），LA - HI 情景碳排放量增长无减缓迹象，2030 年其碳排放量分别是基准情景和 HA - LI 情景的 1.45 倍和 1.91 倍。

由图 3 - 7 至图 3 - 9 可知，综合 3 类情景，终端能耗碳排放在 2030 年为 17.58 亿~38.50 亿吨 CO_2，供热碳排放在 2030 年为 1.42 亿~3.00 亿吨 CO_2，火电生产碳排放为 10.40 亿~21.64 亿吨 CO_2，工业过程碳排放为 14.17 亿~20.18 亿吨 CO_2。LA - HI 情景完全无法达到碳减排目标，这一情景在后续分东、中、西区域分析被放弃。从碳排放整体趋势分析，我国提出的 2030 年左右碳排放达峰目标不难实现，若需保证在 2030 年前碳排放达峰，只需在基准情景的基础上适度强化减碳引导，但若需要在 2025 年前达到碳排放峰值，则需要借鉴 HA - LI 情景中加速优化产业结构和能源结构的做法。进一步分析碳排放的主要来源，能源加工转换碳排放在基准情景和 HA - LI 情景中都呈现倒"U"型曲线（在东部、中部、西部区域板块中也均呈现该趋势），说明随新能源广泛使用，长江经济带未来对化石能源供热和火力发电的依赖会逐步下降，能源加工转换碳排放对未来碳排放达峰为正贡献。工业过程碳排

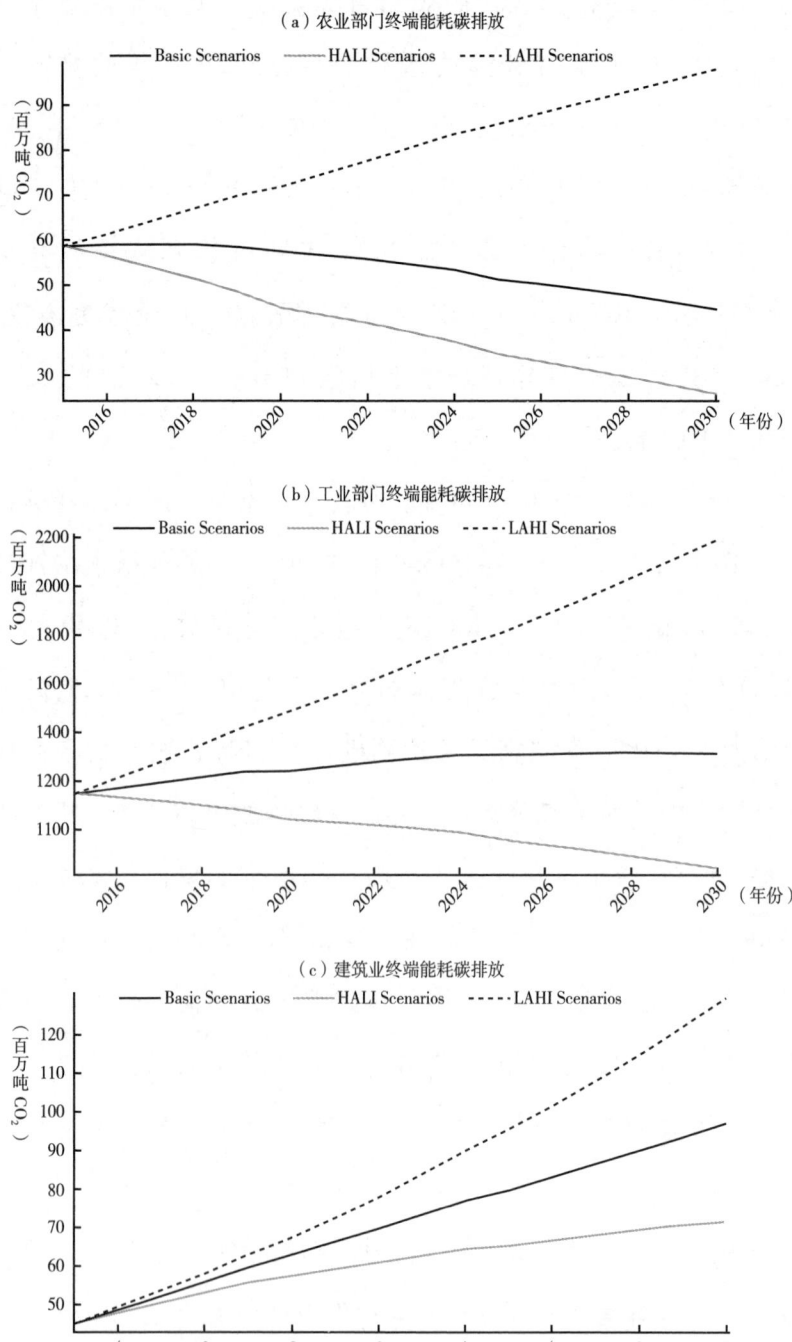

（a）农业部门终端能耗碳排放

（b）工业部门终端能耗碳排放

（c）建筑业终端能耗碳排放

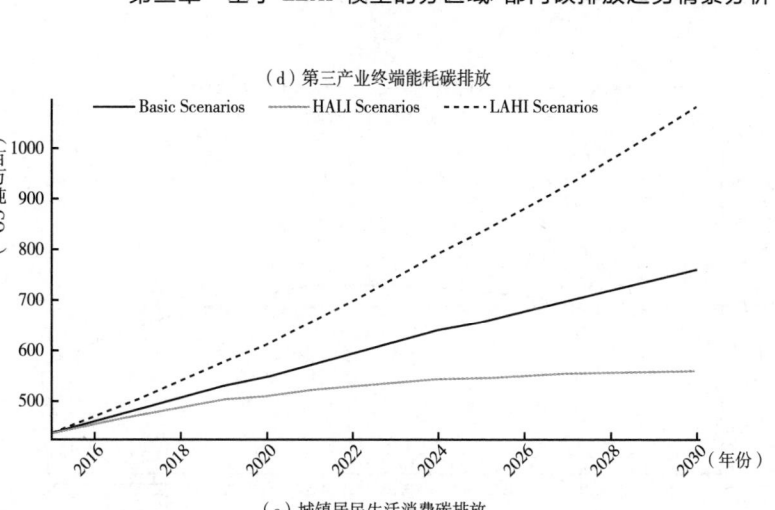

（d）第三产业终端能耗碳排放

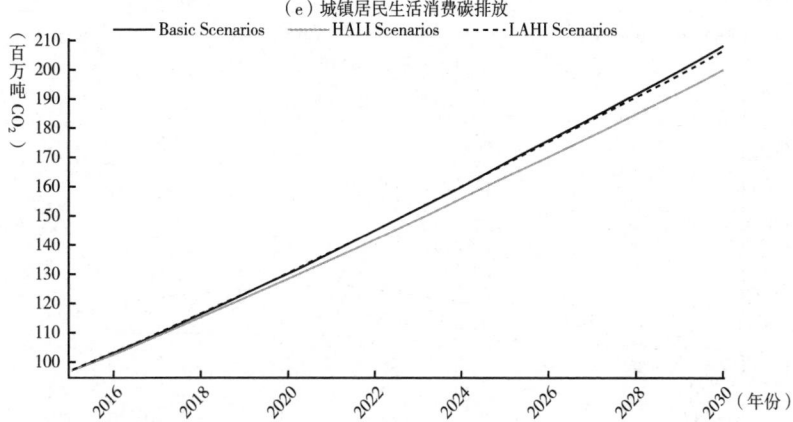

（e）城镇居民生活消费碳排放

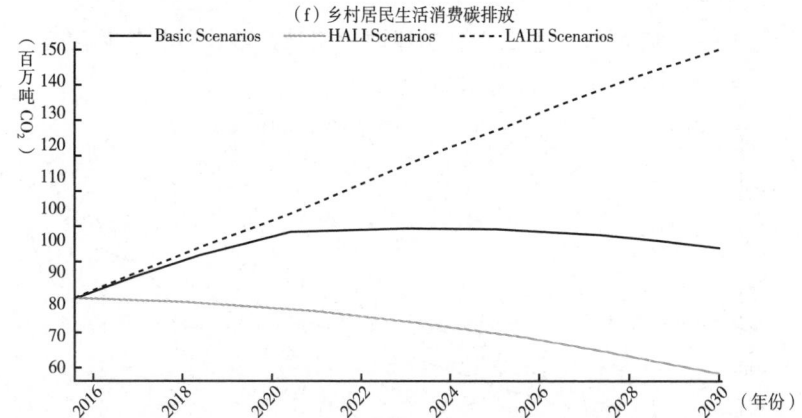

（f）乡村居民生活消费碳排放

图 3 - 7 各情景下长江经济带各部门终端能耗碳排放量变化趋势

注：2015 ~ 2030 年，LEAP 模型直接绘图。

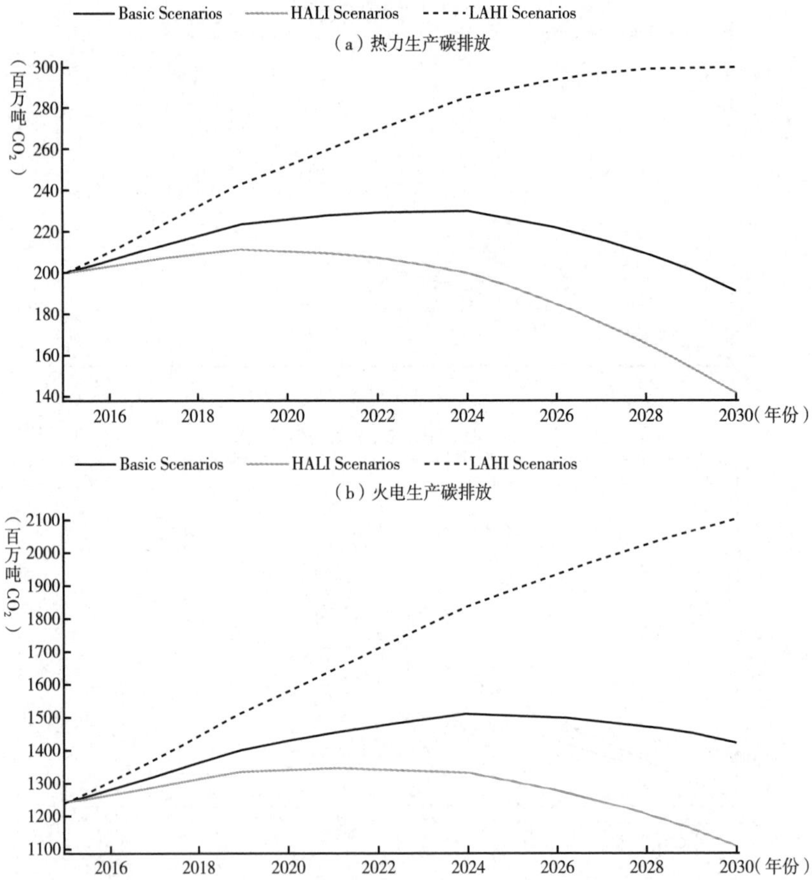

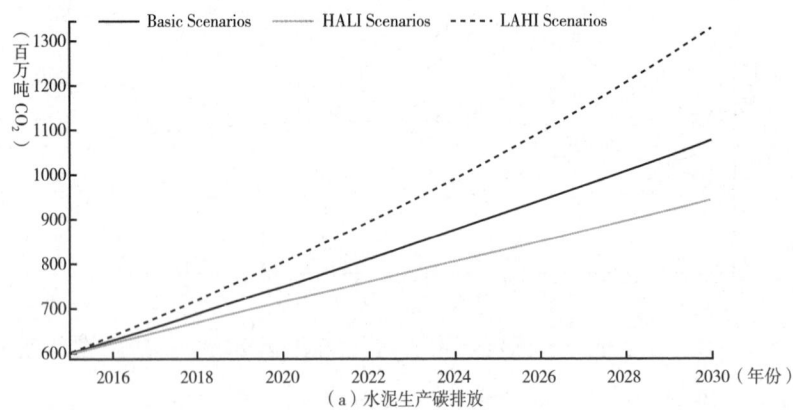

——— Basic Scenarios ——— HALI Scenarios - - - - LAHI Scenarios

（a）热力生产碳排放

——— Basic Scenarios ——— HALI Scenarios - - - - LAHI Scenarios

（b）火电生产碳排放

图 3 - 8　各情景下长江经济带能源加工转换碳排放量变化趋势

注：2015～2030 年，LEAP 模型直接绘图。

——— Basic Scenarios ——— HALI Scenarios - - - - LAHI Scenarios

（a）水泥生产碳排放

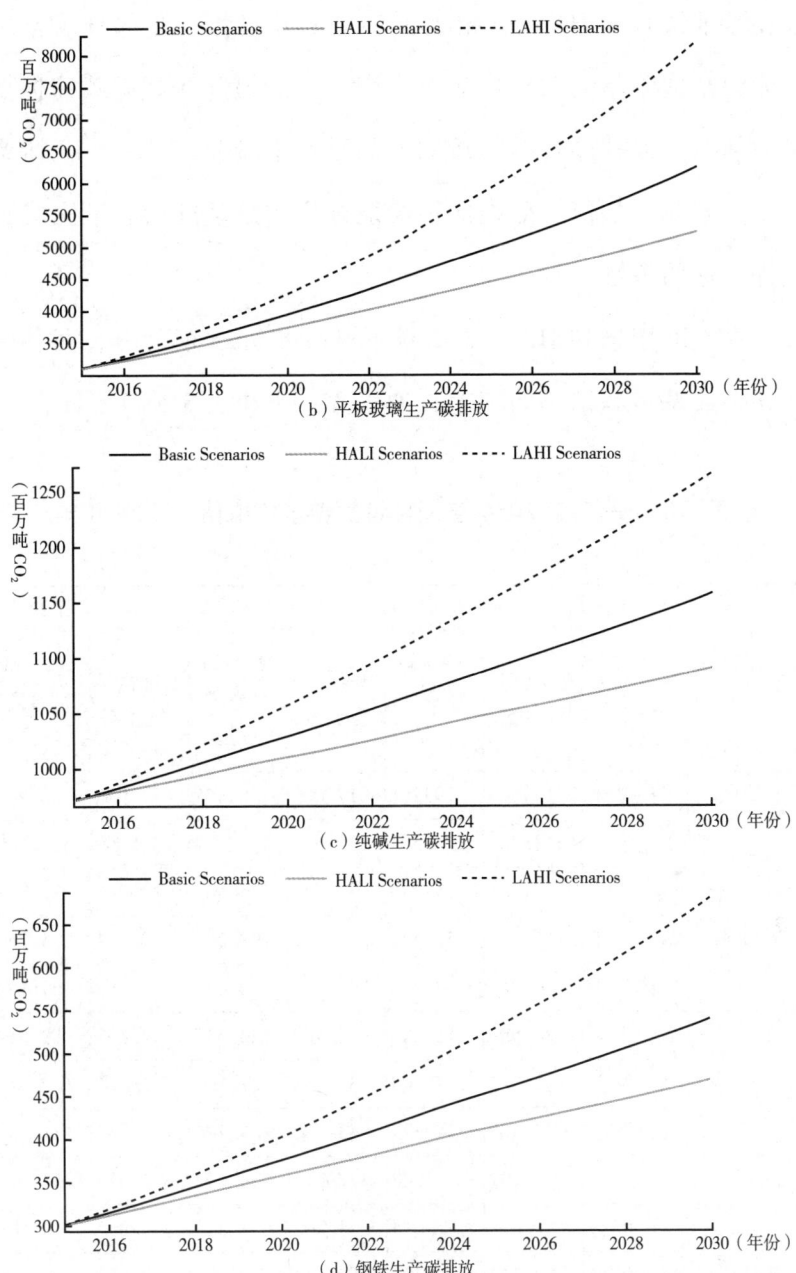

（b）平板玻璃生产碳排放

（c）纯碱生产碳排放

（d）钢铁生产碳排放

图 3－9　各情景下长江经济带工业过程碳排放量变化趋势

注：2015～2030 年，LEAP 模型直接绘图。

放在基准情景和 HA - LI 情景下都呈上升趋势，此部分碳排放与能源结构调整无关，依赖于生产工艺的提升和利用碳捕捉技术的削减。终端能耗碳排放的不同是基准情景和 HA - LI 情景的主要差异，如何有效控制终端能源排放是基准情景下完成碳减排目标的关键。

在基准情景和 HA - LI 情景下进一步分析东、中、西各区域碳排放总量和结构的变化，如表 3 - 18 和表 3 - 19 所示。

表 3 -18　长江经济带各区域碳排放情景模拟结果（2030 年）

单位：百万吨 CO_2

项目	部门	下游 3 省市		中游 4 省		上游 4 省市	
		基准情景排放量	HA - LI 情景排放量	基准情景排放量	HA - LI 情景排放量	基准情景排放量	HA - LI 情景排放量
终端能耗碳排放	第一产业	15.504	9.261	17.009	9.498	12.078	6.967
	工业	313.287	205.504	531.695	338.324	471.169	301.109
	建筑业	20.226	14.781	34.749	25.909	37.068	28.203
	第三产业	215.149	156.622	273.982	198.297	270.791	205.257
	城镇生活	64.946	60.375	72.06	70.64	71.366	69.106
	乡村生活	22.599	16.04	37.404	24.347	34.197	18.019
能源加工转换碳排放	热力供应	141.242	105.148	37.253	27.122	12.766	9.342
	火力发电	684.902	514.377	543.432	404.726	167.485	121.287
工业过程碳排放	水泥生产	178.191	172.544	477.211	408.143	423.023	361.75
	玻璃生产	1.017	1.014	4.263	3.314	0.963	0.901
	纯碱生产	0.442	0.422	0.524	0.474	0.192	0.195
	钢铁生产	340.165	281.607	130.164	122.894	69.282	63.813
该区域排放量		1997.670	1537.695	2159.746	1633.688	1570.380	1185.949

表 3 – 19　长江经济带各区域碳排放情景模拟结果 (2030 年)

单位：%

项目	部门	东部区域		中部区域		西部区域	
		基准情景占总量比例	HA – LI情景占总量比例	基准情景占总量比例	HA – LI情景占总量比例	基准情景占总量比例	HA – LI情景占总量比例
终端能耗碳排放	第一产业	0.78	0.60	0.79	0.58	0.77	0.59
	工业	15.68	13.36	24.62	20.71	30.00	25.39
	建筑业	1.01	0.96	1.61	1.59	2.36	2.38
	第三产业	10.77	10.19	12.69	12.14	17.24	17.31
	城镇生活	3.25	3.93	3.34	4.32	4.54	5.83
	乡村生活	1.13	1.04	1.73	1.49	2.18	1.52
能源加工转换碳排放	热力供应	7.07	6.84	1.72	1.66	0.81	0.79
	火力发电	34.29	33.45	25.16	24.77	10.67	10.23
工业过程碳排放	水泥生产	8.92	11.22	22.10	24.98	26.94	30.50
	玻璃生产	0.05	0.07	0.20	0.20	0.06	0.08
	纯碱生产	0.02	0.03	0.02	0.03	0.01	0.02
	钢铁生产	17.03	18.31	6.03	7.52	4.41	5.38
终端能耗碳排放的化石能源贡献	煤及焦炭	36.67	32.32	54.69	46.42	54.50	49.09
	油品能源	48.72	48.52	38.01	43.80	37.74	42.21
	天然气	14.61	19.15	7.29	9.78	7.76	8.70
该区域占经济带排放比例		34.88	35.29	37.71	37.49	27.42	27.22

结合表 3 – 17、表 3 – 18 和表 3 – 19 分析，未来中部、西部区域在长江经济带碳排放中的占比将逐渐提高，中部区域（超过 37%）将取代东部区域（35% 左右）成为碳排放总量最大的区域。碳排放来源方面，东部区域仍将以能源加工转换碳排放为主，其占比较 2015 年的 46.59% 有所下降，但仍将超

过 40%，其次是终端能耗碳排放；中部和西部区域则以终端能耗碳排放为首，其中中部区域终端能耗碳排放占比在 2015年的基础上略有下降，但基准情景中西部区域终端能耗碳排放占比还会较 2015 年上升 0.51 个百分点；除终端能耗碳排放外，中部和西部区域工业过程碳排放将超过能源加工转换碳排放成为第二大贡献源，特别是西部区域，其占比将达到 31% ~ 36%，而西部的能源加工转换碳排放将由 2015 年的 19.10% 下降至 11% 左右，这一变化可能与西部相对丰富的非化石能源发电禀赋有关。未来碳排放贡献的关键部门与 2015年类似，但其内部比例变化差异明显，在其他碳排放主要部门排放占比下降的趋势下，各区域板块的第三产业碳排放占比均将提升，东部的钢铁生产碳排放、中部和西部区域的水泥生产碳排放占比增幅较大。各能源品种对终端能源碳排放的贡献方面，油品能源和天然气（含 LNG）的排放比例明显提高，基准情景中，煤品能源依然是占比最大的贡献源（48.96%，较油品能源高出 9.27 个百分点），但在 HA - LI 情景中油品能源碳排放将成为最大的贡献源（44.47%），而且在这两个情景中，东部区域中油品能源碳排放占比均将超过煤品能源。由于 HA - LI 情景对终端能耗碳排放的控制明显优于基准情景，若要有效降低终端能源碳排放，基准情景应优先降低工业部门碳排放量（HA - LI 情景在各区域中工业部门碳排放控制均大幅超过基准情景）。此外，HA - LI 情景中城镇生活碳排放较基准情景上涨较快，值得关注。

四　本章小结

用长江经济带分区域碳排放 LEAP 模型，对现状及不同情景实施仿真分析，得到以下结论。

（1）2015 年长江经济带碳排放总量 41.61 亿吨 CO_2，区域分布上，东部区域占比居首，其次为中部、西部区域；排放来源上，终端能耗碳排放占比最大，其次为能源加工转换碳排放、工业过程碳排放。至 2030 年，中部区域将取代东部区域成为碳排放量最大的区域，未来东部区域中主要面临能源加工转换碳排放控制问题，其次是终端能耗碳排放；中部、西部区域主要是终端能耗碳排放控制问题，其次是工业过程碳排放。至 2030 年，参照各省市规划目标和历史变动趋势的基准情景碳排放接近达峰临界值，峰值在 57 亿吨 CO_2 左右，碳排放强度较 2015 年累计下降超过 45%，按时完成 2030 年碳排放达峰及碳强度较 2005 年下降 60%～65% 的双重目标可能性较大。若要确保在 2030 年前达峰，在完成即有规划目标下适度加快碳减排方面的产业、能源结构优化即可。

（2）对比基准情景和 HA - LI 情景，影响长江经济带碳排放达峰的主要因素是终端能耗碳排放的控制。长江经济带未来随火力发电比重的下降，能源加工转换碳排放将可能在 2025 年前达峰走低；工业过程碳排放在所有情景中均逐步提高，但其不受能源消费结构影响，主要依靠产品消费弹性和生产工艺控制，削减难度较大。

（3）2015~2030年间，长江经济带碳排放控制的关键部门主要是工业、第三产业、火力发电、水泥生产和钢铁生产，这5个部门占到各区域碳排放总量的86%~90%。其中，工业、第三产业和火力发电碳排放在各区域都属于排放量较大部门，东部区域还需注意控制热力供应碳排放，中部、西部区域则需要在水泥碳排放控制上更为努力。此外，HA-LI情景较之基准情景的主要优势是工业碳排放削减较高，但其主要问题是城镇居民碳排放占比提升较快，由于碳减排高于规划目标的HA-LI情景也较符合历史情况（"十二五"期间长江经济带多省碳减排目标均远高于规划目标），居民生活碳排放控制也值得重视。

（4）能源结构对碳排放的影响方面，终端能源和加工转换碳排放均由化石能源燃用造成，化石能源燃用的碳排放占2015年排放总量的75%以上，2030年也将占到70%左右，未来必须加快实施煤改油、油改气进程，东部区域终端能耗中油品能源碳排放占比将率先超过煤品能源。在碳排放达峰以后的远景，工业过程碳排放将成为各区域碳排放控制的新目标。

受数据收集所限，本章仅以长江经济带为案例讨论了未来我国碳排放总量和结构在终端能耗、能源加工转换、工业过程之间的变动，以及终端能耗中三次产业部门间碳排放总量和结构的变化，但长江经济带作为我国最典型的区域发展板块，其覆盖中国大陆1/3以上省份和四成以上经济总量，横向地跨我国东西两侧，长江经济带的碳排放分区域、分部门仿真结论亦可揭示我国碳排放在空间分布和部门分布上的整体发展趋势。研究结论暗示，即使在未来相当长的一段时期内（直至我国碳排放总量达峰前后），工业部门碳排放（含工业过程碳排放）仍将占到碳排放总量的 72%～84%，并且东部区域占比＞中部区域占比＞西部区域占比，其中能耗碳排放将占到工业部门碳排放的 57%～69%，工业能耗碳排放控制在 2030 年前依然是我国碳排放最重要的领域，工业过程碳排放则将在远景逐步引起更多的重视。

第四章

基于投入产出法的工业部门间
碳转移路径分析[*]

　　中国当前大部分区域仍处于城镇化和工业化加速推进阶段，工业部门仍是中国能源消费和碳排放的主导部门。据本书第二章测算，中国超过80%的碳排放来源于工业部门（无论仅按能耗碳排放核算，还是按总碳排放核算）。因此，工业碳排放决定了中国碳排放的总体特征和演变趋势，以工业部门碳强度控制为核心的减排方式，是未来一段时期中国低碳发展的主要手段。

　　近年来，中国工业碳排放的相关研究主要集中于以下几个方面。

　　（1）对影响工业碳排放变化因素的考察。主要回答什么

　　* 本章主要根据笔者发表于《中国工业经济》2015年第6期独著论文《中国工业部门碳排放转移评价及预测研究》部分小节修改扩展而得，数据来源于当时最新的2010年中国投入产出延长表，2017年底最新数据为2012年中国投入产出表，但不影响基本结论。

因素推动了中国工业部门碳排放量的快速上升。目前，解决这一问题最常使用的是指数分解法，包括 Laspeyres 指数法[①]和 Divisia 指数法[②]，其中，在中国工业碳排放因素研究中使用最为广泛的是 Ang 等[③]在系列研究中提出的迪氏指数的改进方法（同时解决完全分解和零值问题）——对数均值 Divisia 指数法（LMDI 法）。自 Wang、Wu 等较早对中国碳排放影响因素进行讨论后，[④] 应用指数分解法的相关研究成果被陆续报道。[⑤] 同时，基于投入产出模型的结构分解分析法也得到了发展，[⑥] 张

① Howarth R., Schipper L., Duerr P., et al., "Manufacturing Energy Use in Eight OECD Countries: Decomposing the Impacts of Changes in Output of Industry Structure and Energy Intensity", *Energy Economics*, 1991, 13 (2); Park S. H., "Decomposition of Industrial Energy Consumption: An Alternative Method", *Energy Economics*, 1992 (4).

② Boyd G. A., McDonald J. F., Ross M., et al., "Separating the Changing Composition of US Manufacturing Production from Energy Efficiency Improvements: A Divisia Index Approach", *Energy*, 1987 (2).

③ Ang B. W., Choi K. H., "Decomposition of Aggregate Energy and Gas Emission Intensities for Industry: A Refined Divisia Index Method", *Energy*, 1997 (3); Ang B. W., Zhang F. Q., Choi K. H., "Factorizing Changes in Energy and Environmental Indicators through Decomposition", *Energy*, 1998 (6).

④ Wang C., Chen J. N., Zou J., "Decomposition of Energy-related CO_2 Emission in China", *Energy*, 2005 (1); Wu L., Kaneko S., Matsuoka S., "Driving Forces Behind the Stagnancy of China's Energy-Related CO_2 Emissions from 1996 to 1999: The Relative Importance of Structural Change, Intensity Change and Scale Change", *Energy Policy*, 2005 (3).

⑤ 王锋、吴丽华、杨超：《中国经济发展中碳排放增长的驱动因素研究》，《经济研究》2010 年第 2 期；涂正革：《中国的碳减排路径与战略选择——基于八大行业部门碳排放量的指数分解分析》，《中国社会科学》2012 年第 3 期。

⑥ Hoekstra R., van der Bergh J. J. C. J. M., "Comparing Structural and Index Decomposition Analysis", *Energy Economics*, 2003 (1).

友国和郭朝先分别采用非竞争型和竞争型投入产出表对影响中国碳排放增长的因素进行了 SDA 分解。[①] 此外，一些特殊的方法（如非参数距离函数分解法）也得到了应用，如 Wang 对能源生产率的分解，[②] 但针对此类应用的相关报道较少。这些不同方法的研究成果有相似之处，一般认为人均 GDP、工业总产出、技术进步、能源强度是影响中国工业碳排放的主要解释因素，其次是产业结构、国际贸易分工等。

（2）对工业部门隐含碳转移的评估。这方面的研究领域与本章内容相近，且大多数采用了投入产出的方法，为本章研究提供了理论支持和方法支持。自 Bicknell 等将投入产出模型引入对生态足迹的分析后，[③] 类似地借助投入产出法实现隐含碳分析的研究也逐步增多和规范，Matthews 等将工业碳排放定义为从仅包含生产运输过程直接碳排放的第一层面[④]到包含电力碳排放的第二层面，直至涉及整个生产链的直接、间接碳排放的第三层面。以中国产业部门隐含碳转移为对象的研究，主

---

① 张友国：《经济发展方式变化对中国碳排放强度的影响》，《经济研究》2010 年第 4 期；郭朝先：《中国二氧化碳排放增长因素分析——基于 SDA 分解技术》，《中国工业经济》2010 年第 12 期。

② Wang C. , "Decomposing Energy Productivity Change: A Distance Function Approach", *Energy*, 2007（8）.

③ Bicknell K. B. , Ball R. J. , Cullen R. , et al. , "New Methodology for the Ecological Footprint with an Application to the New Zealand Economy", *Ecological Economics*, 1998（2）.

④ Matthews H. S. , Hendrickson C. T. , Weber C. L. , "The Importance of Carbon Footprint Estimation Boundaries", *Environmental Science & Technology*, 2008（16）.

要集中于方法发展与现状分析[①]、部门评价[②]和国际贸易碳转移方面，特别是国际贸易碳转移一直是研究热点，很多研究认为由于国际产业转移和出口商品结构差异，中国与发达国家的贸易失衡中伴随着碳排放失衡，[③] 有 10% ~ 30% 的中国碳排放量因出口而引发。[④] 相应的，也有研究认为若同时考虑进口避免的碳排放，中国并不是碳净出口国。[⑤]

（3）对如何定量化碳减排成本的讨论。部门碳减排成本是碳减排分担方案设计的重要依据，李陶等在 Nordhaus 提出的经典对数曲线的基础上，[⑥] 采用 Okada 的改进方法估计了中国和各省碳减排成本曲线。陈诗一采用方向性距离函数（DDF）对中国 38 个工业部门 CO_2 影子价格进行了测算，[⑦] 并支持了环

① 孙建卫、陈志刚、赵荣钦等：《基于投入产出分析的中国碳排放足迹研究》，《中国人口·资源与环境》2010 年第 5 期。

② 曹淑艳、谢高地：《中国产业部门碳足迹流追踪分析》，《资源科学》2010 年第 11 期。

③ 张为付、杜运苏：《中国对外贸易中隐含碳排放失衡度研究》，《中国工业经济》2011 年第 4 期。

④ 刘强、庄幸、姜克隽等：《中国出口贸易中的载能量及碳排放量分析》，《中国工业经济》2008 年第 8 期；樊纲、苏铭、曹静：《最终消费与碳减排责任的经济学分析》，《经济研究》2010 年第 1 期。

⑤ Peters G. P., Weber C. L., Guan D., et al., "China's Growing CO_2 Emissions: A Race Between Increasing Consumption and Efficiency Gains", *Environmental Science & Technology*, 2007（17）；Weber C. L., Peter G. P., Guan D., et al., "The Contribution of Chinese Exports to Climate Change", *Energy Policy*, 2008（9）.

⑥ 李陶、陈林菊、范英等：《基于非线性规划的我国省区碳强度减排配额研究》，《管理评论》2010 年第 6 期。

⑦ 陈诗一：《节能减排与中国工业的双赢发展：2009 ~ 2049》，《经济研究》2010 年第 3 期。

境波特假说在中国的适用性。CGE、MARKAL – MACRO 等模型也在中国碳减排成本核算方面得到了借鉴或应用。[①]

综上，相关学者的研究为本章碳转移路径分析命题的提出、模型设计和部门评价思路提供了诸多有益经验，但部分研究仍有可商榷之处。首先，在测算方法和数据应用方面，中国电力、热力的碳排放因子不统一，部分研究中在计算完全碳排放时，将电力热力碳排放按终端消费量分别进入各部门中，这种处理方式欠妥；计算能耗碳排放时，未扣除能源非燃料使用的部分（如建筑业使用的沥青），导致部门碳排放被高估；投入产出法被广泛使用于隐含碳、减排成本、规制方式的分析，但部分研究中未考虑进口品对中间产品的影响，导致完全碳排放强度测算误差较大。其次，在评价结果的应用方面，研究中主要进行部门的直接、间接碳排放累计量的宏观分析，并特别关注进出口碳盈余/损失情况，但对碳在具体部门间的转移特征讨论较少。

由于各产业部门间（不仅仅是工业部门）因中间产品的交换，存在相互的生产与消费活动，中国相当数量的工业部门碳排放，并非用于满足本部门的最终需求，而是跟随产业链和中间产品转移到其他部门；同时，最终需求中也有一部分用于

① Criqui P., Mima S., Viguir L., "Marginal Abatement Cost of CO_2 Emission Reductions, Geographical Flexibility and Concrete Ceilings: An Assessment Using POLES Model", *Energy Policy*, 1999 (10); Chen W. Y., "The Costs of Mitigating Carbon Emissions in China: Findings from China MARKAL – MACRO Modeling", *Energy Policy*, 2005 (7).

支持出口而影响了国内的碳排放量。从受益与责任相匹配出发，各部门应当承担共同的碳减排责任，因此有必要分析隐含碳如何通过产业链从上游部门转移到下游部门，甚至转移至其他国家。本章基于投入产出法（修正），从最终需求角度分析各工业部门的完全碳排放和碳转移路径，研究结论将有助于完善中国工业部门碳排放的核算、评价方法，指导设计中国工业部门碳减排的调控政策，并为进一步明确各部门间的减排责任和分担方式打下基础。

一　中国工业部门直接（能耗）碳排放细类核算

（一）数据来源和数据整理

由于中国每 5 年编制一次投入产出表，此后的第 3 年编制投入产出延长表，且发布时间通常晚于数据年份 3～4 年，本章数据来源于 2010 年投入产出延长表（从事本章研究时数据最新的投入产出表），能源消费数据来源于相应年份《能源统计年鉴》（2011 年）中的能源平衡表（标准量）数据。由于《投入产出表》和《能源统计年鉴》中对工业部门的划分有所差异，根据数据可得性，本章将投入产出表的 41 个部门归并为 28 个部门，其中将 39 个工业部门归并为 23 个，将 16 个服务业部门归并为 3 个，加之农、林、牧、渔业和建筑业，归并后共计 28 个部门。

表 4 - 1　不同数据来源的部门调整归并

《能源统计年鉴》的部门分类	《投入产出表》的部门分类	调整归并方式简述
1. 农、林、牧、渔业	农、林、牧、渔业	不调整
2. 工业		
（一）采掘业		
煤炭开采和洗选业	煤炭开采和洗选业	不调整
石油和天然气开采业	石油和天然气开采业	不调整
黑色金属矿采选业	金属矿采选业	将《能源统计年鉴》中 2 个部门直接碳排放量合并
有色金属矿采选业		
非金属矿采选业	非金属矿及其他矿采选业	将《能源统计年鉴》中 2 个部门直接碳排放量合并
其他采矿业		
（二）制造业		
农副食品加工业	食品制造及烟草加工业	将《能源统计年鉴》中 4 个部门直接碳排放量合并
食品制造业		
饮料制造业		
烟草制品业		
纺织业	纺织业	不调整
纺织服装、鞋、帽制造业	纺织服装鞋帽皮革羽绒及其制品业	将《能源统计年鉴》中 2 个部门直接碳排放量合并
皮革、毛皮、羽毛（绒）及其制品业		
木材加工及木、竹、藤、棕、草制品业	木材加工及家具制造业	将《能源统计年鉴》中 2 个部门直接碳排放量合并
家具制造业		
造纸及纸制品业	造纸印刷及文教体育用品制造业	将《能源统计年鉴》中 3 个部门直接碳排放量合并
印刷业和记录媒介的复制		
文教体育用品制造业		
石油加工、炼焦及核燃料加工业	石油加工、炼焦及核燃料加工业	不调整

续表

《能源统计年鉴》的部门分类	《投入产出表》的部门分类	调整归并方式简述
化学原料及化学制品制造业	化学工业	将《能源统计年鉴》中5个部门直接碳排放量合并
医药制造业		
化学纤维制造业		
橡胶制品业		
塑料制品业		
非金属矿物制品业	非金属矿物制品业	不调整
黑色金属冶炼及压延加工业	金属冶炼及压延加工业	将《能源统计年鉴》中2个部门直接碳排放量合并
有色金属冶炼及压延加工业		
金属制品业	金属制品业	不调整
通用设备制造业	通用、专用设备制造业	将《能源统计年鉴》中2个部门直接碳排放量合并
专用设备制造业		
交通运输设备制造业	交通运输设备制造业	不调整
电气机械及器材制造业	电气、机械及器材制造业	不调整
通信设备、计算机及其他电子设备制造业	通信设备、计算机及其他电子设备制造业	不调整
仪器仪表及文化、办公用机械制造业	仪器仪表及文化办公用机械制造业	不调整
工艺品及其他制造业	工艺品及其他制造业（含废品废料）	将《能源统计年鉴》中2个部门直接碳排放量合并
废弃资源和废旧材料回收加工业		
(三)电力、燃气及水的生产和供应业		
电力、热力的生产和供应业	电力、热力的生产和供应业	不调整
燃气的生产和供应业	燃气的生产和供应业	不调整
水的生产和供应业	水的生产和供应业	不调整
3. 建筑业	建筑业	不调整
4. 交通运输、仓储和邮政业	交通运输及仓储业 邮政业	调整《投入产出表》，归并表中2个部门的行列数据
5. 批发、零售业和住宿、餐饮业	批发和零售贸易业 住宿和餐饮业	调整《投入产出表》，归并表中2个部门的行列数据

续表

《能源统计年鉴》的部门分类	《投入产出表》的部门分类	调整归并方式简述
6. 其他	信息传输、计算机服务和软件业	调整《投入产出表》，归并表中 12 个部门的行列数据
	金融业	
	房地产业	
	租赁和商务服务业	
	研究与实验发展业	
	综合技术服务业	
	水利、环境和公共设施管理业	
	居民服务和其他服务业	
	教育	
	卫生、社会保障和社会福利业	
	文化、体育和娱乐业	
	公共管理和社会组织	

调整归并的具体方法为：对《投入产出表》部门分类粗于能源平衡表的，按照能源平衡表计算的部门直接碳排放量进行加总（如将能源平衡表中黑色金属、有色金属矿采选业合并成投入产出表中的金属矿采选业，碳排放量加总），这一步将能源平衡表中 39 个工业部门对应归并成投入产出表中的 23 个工业部门，不改变投入产出表结构；对投入产出表部门分类细于能源平衡表的，将投入产出表中的部门进行行列合并（如投入产出表中的交通运输及仓储业、邮政业两项合并为能源平衡表中的交通运输、仓储和邮政业，其他部门接受这两个部门的中间产品按行加总合并，其他部门对这两个部门的中间

投入按列加总合并），这一步将投入产出表中第三产业的 16 个部门对应归并成能源平衡表中的 3 个部门，从而使最终的 28 个部门在两个表中得以一致。

本章以工业部门为主要核算对象，碳排放量的准确核算直接关系到其后的碳转移评价及预测研究结果的科学性，由于工业过程碳排放的排放因子在不同研究中差异较大，且能耗碳排放仍为目前工业碳排放的主导部分，为保证之后的研究结论可被接受和适用，本章对工业部门碳排放仅测算能耗碳排放部分，并按照终端能耗的不同能源种类，逐一对排放因子进行核算，相对于本书第二章和第三章按化石能源大类的核算方法更为准确。

（二）核算方法与能源细类排放因子

工业部门的碳排放主要分为能源燃用碳排放和工业过程碳排放，本章仅讨论前者，可用下式核算工业部门的直接碳排放：

$$\mathrm{DCE}_i = \sum_t \left[Energy_{it} \cdot EF_{it} \cdot (1 - \eta_{it}) \right] \qquad （式 4-1）$$

式 4-1 中，DCE_i 表示部门 i 的直接碳排放量，单位为 $\mathrm{tCO_2e}$（吨二氧化碳当量）；$Energy_{it}$ 表示部门 i 第 t 种能源的终端消费量，单位为 J（焦耳）；EF_{it} 表示部门 i 使用的第 t 种能源的碳排放因子，采用 IPCC（2006）提供的清单数据，单位为 $\mathrm{tCO_2e/TJ}$；η_{it} 表示部门 i 使用的第 t 种能源的非燃料使用比例。各部门碳排放的核算中应注意以下问题：

（1）中国使用标准煤作为能源消费量的单位，$Energy_{it}$ 的计算中需要将标准煤转换为热值表示，具体换算单位为每千克标煤等于 $2.93 \times 10^7 J$。

（2）EF_{it} 按照部门 i 消费第 t 种能源造成的 CO_2、CH_4 和 N_2O 三类温室气体排放因子，以 100 年的 GWP（Global Warming Potential，全球变暖潜势）值折算汇总。

（3）所有部门的直接碳排放均只计算不含电力、热力的其他能源终端消费所引发的碳排放量，并应扣除用作原料、材料的能源消费量；各部门消费的电力、热力所造成的碳排放，按照电力（火电）、热力生产所造成的碳排放全部计入电力、热力的生产和供应业，本章按中国能源转化的统计数据，测算电力（火电）、热力的碳排放因子分别为 $7.254 tCO_2 e/$ 吨标煤电力（火电）和 $3.876 tCO_2 e/$ 吨标煤热力（测算方法与本书第三章相同，由于本章采用 2010 年能源加工转化数据，第三章采用 2015 年能源加工转化数据，两者计算结果略有区别）。

此外，由于下文的投入产出法涉及所有的三次产业部门的关联分析，对农业、建筑业和服务业部门也做相应的直接碳排放核算。

IPCC 将涉及生产生活部门能耗碳排放的核算按照能源工业、制造业和建筑工业、商业机构、农业和住宅、移动源排放等若干不同部门分别设计了各类能源的排放因子，由于本研究不涉及工业部门具体工艺，按平均排放因子估计，固定源的碳排放因子各部门基本一致，移动源用于计算交通运输、仓储和邮政业，此部门凡在 IPCC 移动源排放清单中能找到的能源种类，按移动源测算，无法找到的能源种类，按固定源测算。此外，其他能源的排放按照 IPCC 的能源行业其他主要固体生物量/城市废弃物（生物量比例）进行估算（由于数据来源因素，仅计算火力发电和供热能耗时使用），最终得到的分部门分能源种类碳排放因子如表 4 - 2 所示。

表 4 - 2　产业部门碳排放因子核算

单位：tCO₂e/t 标煤燃料

能源品种	煤合计	焦炭	焦炉煤气	高炉煤气	转炉煤气	其他煤气	其他焦化产品
固定源排放部门	2.8106	3.1496	1.3027	7.6199	5.3345	1.3027	3.1369
交通运输、仓储和邮政业	2.8310	3.1496	1.3027	7.6199	5.3345	1.3027	3.1369

能源品种	原油	汽油	煤油	柴油	燃料油	石脑油/润滑油/石蜡/溶剂油	石油沥青
固定源排放部门	2.1556	2.1790	2.1146	2.1790	2.2757	2.1556	2.3724
交通运输、仓储和邮政业	2.1556	2.2097	2.1146	2.2097	2.2757	2.1556	2.3724

能源品种	石油焦	液化石油气	炼厂干气	其他石油制品	天然气	液化天然气	其他能源
固定源排放部门	2.8647	1.8506	1.6894	2.1556	1.6455	1.8889	2.9902
交通运输、仓储和邮政业	2.8647	1.8998	1.6894	2.1556	1.7438	1.7438	2.9902

注：本研究跨度数年，IPCC 在其间修正过一次 GWP 数值，本表采用的 GWP 数值与第三章有细微差异，因此核算的排放因子也有极细微差异。

（三）核算结果

首先按照表4-2所示排放因子和2010年各部门终端能源消费量，计算各部门的直接碳排放量，然后按照能源转化中电力（火电）和热力碳排放因子，将各个行业部门终端消费的电力、热力间接引发的碳排放量全部计入电力、热力的生产和供应业，整理得到2010年所有产业部门的直接碳排放量，以及不同化石能源的贡献情况（电力、热力生产引发的碳排放量按照发电能耗的结构分别计入煤、油和气类能源排放），结果如表4-3所示。

表4-3　行业部门直接碳排放量核算（2010年）

单位：万吨 CO_2e

行业部门	碳排放总量	燃煤排放量	燃油排放量	燃气排放量
1. 农、林、牧、渔业	8153.45	3747.69	4394.81	10.94
2. 工业	623120.61	573932.85	35222.19	12311.63
（一）采掘业	19924.43	14852.97	3357.87	1713.60
煤炭开采和洗选业	13207.19	12650.38	530.40	26.41
石油和天然气开采业	4179.44	296.32	2201.91	1681.21
黑色金属矿采选业	1090.00	865.77	223.66	0.57
有色金属矿采选业	318.49	225.02	91.96	1.51
非金属矿采选业	1119.86	810.82	305.30	3.75
其他采矿业	9.45	4.66	4.64	0.16
（二）制造业	260636.70	226523.41	28323.84	5789.45
农副食品加工业	2802.51	2424.50	363.29	14.72
食品制造业	1818.20	1571.39	200.93	45.88
饮料制造业	1450.76	1312.42	110.45	27.89
烟草制品业	173.54	143.97	20.00	9.57

续表

行业部门	碳排放总量	燃煤排放量	燃油排放量	燃气排放量
纺织业	3515.87	3176.89	311.58	27.40
纺织服装、鞋、帽制造业	588.04	397.74	185.05	5.25
皮革、毛皮、羽毛(绒)及其制品业	231.22	139.78	90.84	0.61
木材加工及木、竹、藤、棕、草制品业	859.19	764.70	89.57	4.92
家具制造业	142.36	59.52	76.96	5.88
造纸及纸制品业	4358.74	4142.08	191.82	24.83
印刷业和记录媒介的复制	165.82	73.51	79.59	12.72
文教体育用品制造业	124.78	44.28	75.00	5.50
石油加工、炼焦及核燃料加工业	16143.22	4209.74	11360.03	573.45
化学原料及化学制品制造业	36676.66	26436.05	7190.11	3050.50
医药制造业	1286.87	1119.99	119.89	46.98
化学纤维制造业	639.36	521.92	110.29	7.15
橡胶制品业	899.16	783.36	99.36	16.44
塑料制品业	892.30	556.18	309.56	26.56
非金属矿物制品业	47441.69	43511.07	3214.37	716.25
黑色金属冶炼及压延加工业	123696.67	122817.35	544.40	334.91
有色金属冶炼及压延加工业	5366.87	4394.07	821.82	150.98
金属制品业	1265.92	803.60	401.68	60.64
通用设备制造业	3284.54	2699.40	475.07	110.06
专用设备制造业	1811.61	1436.17	278.04	97.40
交通运输设备制造业	2545.71	1697.83	630.87	217.02
电气机械及器材制造业	933.24	422.53	433.13	77.58
通信设备、计算机及其他电子设备制造业	714.88	261.89	349.68	103.30
仪器仪表及文化、办公用机械制造业	144.72	62.95	72.93	8.84
工艺品及其他制造业	581.40	480.71	94.70	5.99
废弃资源和废旧材料回收加工业	80.84	57.80	22.81	0.23
(三)电力、燃气及水的生产和供应业	342559.48	332556.47	3540.48	4808.58
电力、热力的生产和供应业	342118.41	332297.13	3417.70	4749.63
燃气生产和供应业	358.84	209.12	93.88	55.83

续表

行业部门	碳排放总量	燃煤排放量	燃油排放量	燃气排放量
水的生产和供应业	82.23	50.21	28.90	3.12
3. 建筑业	4272.79	1488.11	2759.24	25.44
4. 交通运输、仓储和邮政业	50841.24	1272.77	47333.79	2234.68
5. 批发、零售业和住宿、餐饮业	6278.73	4151.87	1530.71	596.16
6. 其他	12872.83	4151.49	8152.33	569.01
7. 生活消费	36103.03	20116.39	11021.04	4965.60
城　　镇	17509.01	4542.00	8016.21	4950.80
乡　　村	18594.02	15574.39	3004.83	14.79
所有行业排放量总计	741642.68	608861.17	110414.11	20713.45

注：表中电力、热力的生产和供应业的排放总量中包括其他能源用于能源加工转化的碳排放量，因此燃煤、燃气和燃油加总不等于排放总量值。

由表 4 - 3 可知，2010 年我国所有行业部门能耗直接碳排放总量为 74.16 亿吨 CO_2，较之本书第二章测算的 2015 年全国能耗碳排放结果（93.65 亿吨 CO_2）明显较低（2015 年较 2010 年高出 26.28%）。其差距在于，一是 2015 年全国能耗达到 43.00 亿吨标准煤（发电煤耗计算法），较 2010 年能耗总量（32.49 亿吨标准煤）提高了 32.35%，碳排放量必然明显高于 2010 年，当然 2015 年清洁能源的比重也有明显提高，这又削减了提高的比例；二是本章碳排放量核算中，扣除了工业部门能耗中不用于燃用的能源量，并扣除了建筑业的沥青使用，相对于直接按能源消费量计算，核算量会有所下降并更为精确。

直接碳排放量行业部门方面，工业部门占到 84.02%，其次是交通运输、仓储和邮政业占到 6.86% 。直接碳排放量的能源种类贡献上，燃煤排放占到绝对优势，贡献率 82.10% ，其次为燃油排放，贡献率为 14.89% 。与第三章长江经济带核算结果对比显示，将能源加工转换碳排放计入能耗碳排放，不计工业过程碳排放，则从直接碳排放的部门贡献方面，长江经济带工业部门贡献比例低于全国水平约 20 个百分点，从能源种类贡献方面，长江经济带燃煤碳排放比例低于全国水平约 10 个百分点，长江经济带的低碳进程优先于全国情况。

二　部门间碳转移评价模型（修正）及部门分类分析

（一）工业部门完全碳排放核算模型（修正）设计

投入产出分析提供了测算部门技术经济联系的基本方法。不同部门间通过中间产品而相互关联，这意味着有相当比例的部门直接碳排放跟随中间产品转移到其他部门。因此，表观的低碳部门可能由于中间产品大多来源于高碳部门，而是实际的高碳部门；反之，一些表观的高碳部门，其碳排放可能大部分是服务于其他部门的生产。因此，从直接碳排放角度进行部门碳排放分类控制可能难以达到理想的效果，有必要从最终需求出发，通过计算各部门最终产品的完全碳排放（包含直接碳排放和间接碳排放），实现对部门整个生产过程碳排放的核算、评价和控制。为与国际上许多学者按部门电、热消费所导致的碳排放定义的间接碳排放（如 Matthews 等提出的第二层面碳排放等概念[①]）有所区别，本文将部门为生产自身最终产品，而使用的中间产品和服务（如原料、电力、热力）所引发的其他部门碳排放定义为部门的引致碳排放，即完全碳排放包含直接碳排放和引致碳排放。

本章将传统的价值型投入产出表和能源平衡表进行整合，通过将部门直接碳排放纳入投入产出分析实现对部门完全碳排放的计量，并使用完全碳排放这一指标，从需求端评价隐含了部门间碳转移的碳排放情况。

利用完全需求系数矩阵计算的部门完全碳排放，部门直接消耗系数矩阵 A 为：

$$A = \begin{bmatrix} a_{11} & a_{12} & \cdots & a_{1n} \\ a_{21} & a_{22} & \cdots & a_{2n} \\ \vdots & \vdots & \vdots & \vdots \\ a_{n1} & a_{n2} & \cdots & a_{nn} \end{bmatrix} \quad a_{ij} = \frac{x_{ij}}{X_j} \; ; \; i,j = 1,2,\cdots,n$$

（式 4 - 2）

式 4 - 2 中，a_{ij} 为直接消耗系数，表示部门 j 生产单位产品所需要的部门 i 产品的投入量；x_{ij} 为部门 i 为部门 j 提供的中间产品的价值；X_j 为部门 j 的总产品（总产出），n 为部门

① Matthews H. S., Hendrickson C. T., Weber C. L., "The Importance of Carbon Footprint Estimation Boundaries", *Environmental Science & Technology*, 2008 (16).

数量。

假设各部门生产中间产品和最终产品的碳排放强度无差异，则部门的直接碳排放强度矩阵 DCI 为：

$$DCI = [DCI_1, DCI_2, \cdots, DCI_n], DCI_j = DCE_j/X_j \quad (式4-3)$$

式 4-3 中，DCI_j 为部门 j 的直接碳排放强度，其代表部门 j 每生产单位总产品所直接排放碳的数量；DCE_j 和 X_j 意义分别见式 4-1 和式 4-2。

部门的完全碳排放强度矩阵 TCI 为：

$$TCI = DCI \times [I - A]^{-1} = [TCI_1, TCI_2, \cdots, TCI_n]$$

$$（式4-4）$$

式 4-4 中，I 为单位矩阵；$[I-A]^{-1}$ 为 Leontief 逆矩阵（完全需求系数矩阵），是 n 阶方阵（n 为部门数量），由第 i 行第 j 列的元素表示，部门 j 每生产一单位的最终产品，所需要的部门 i 的总产品的数量；TCI_j 为部门 j 的完全碳排放强度，表示部门 j 每生产单位最终产品所造成的直接和引致碳排放总量。

部门的引致碳排放强度矩阵 ICI 为：

$$ICI = TCI - DCI = [ICI_1, ICI_2, \cdots, ICI_n] \quad （式4-5）$$

式 4-5 中，ICI 为部门 j 的引致碳排放强度，表示部门 j 每生产单位最终产品所造成的其他部门的碳排放量。

大部分研究中采用式 4-5 的方式计算完全碳排放量，但由于式 4-5 中实际暗示所有的中间产品都是本国生产，中国进出口的特点之一是加工贸易所占比重较大，很多部门使用的中间产品来自国外进口。因此，若直接采用式 4-5 计算，会严重高估中国各工业部门的完全碳排放量，故必须对完全碳排放量计算公式进行修正，扣除进口贸易影响。采用中国投入产出学会提出的修正方法，[①] 在假设各部门的中间产品和最终产品中，进口品和国内产品所占的比重相同的条件下，对完全碳排放强度公式进行修正：

$$TCI^* = DCI \times [I - (I - \mu)A]^{-1} = [TCI_1^*, TCI_2^*, \cdots, TCI_n^*]$$

（式 4-6）

$$\mu = \begin{bmatrix} \mu_{11} & 0 & \cdots & 0 \\ 0 & \mu_{22} & \cdots & 0 \\ \vdots & \vdots & \vdots & \vdots \\ 0 & 0 & \cdots & \mu_{nn} \end{bmatrix}, \mu_{jj} = \frac{IM_j}{X_j + IM_j} \quad \text{（式 4-7）}$$

式 4-6 和式 4-7 中，TCI^* 是扣除进口贸易影响后，修正的部门完全碳排放强度矩阵；TCI_j^* 是修正后的部门 j 的完全碳排放强度；μ 是 μ_{jj} 组成的对角矩阵；μ_{jj} 为部门 j 中间产品中进口产品的比例；IM_j 为部门 j 的进口额。采用修正后的完全碳排放强度即可计算各部门的完全碳排放和引致碳排放：

$$ICI^* = TCI^* - DCI = [ICI_1^*, ICI_2^*, \cdots, ICI_n^*] \text{（式 4-8）}$$

$$ICE_j^* = ICI_j^* \times Y_j \qquad \text{（式 4-9）}$$

$$TCE_j^* = TCI_j^* \times Y_j \qquad \text{（式 4-10）}$$

---

① 中国投入产出学会课题组：《国民经济各部门水资源消耗及用水系数的投入产出分析——2002 年投入产出表系列分析报告之五》，《统计研究》2007 年第 3 期。

式 4 - 9 和式 4 - 10 中，ICI^* 为修正的部门引致碳排放强度矩阵，ICI_j^* 是修正后的部门 j 的引致碳排放强度；ICE_j^* 是部门 j 的引致碳排放量；TCE_j^* 是部门 j 的完全碳排放量；Y_j 是部门 j 的最终产品量（政府消费、居民消费、投资和出口之和）。

（二）工业部门间碳排放转移现状评价

采用前文直接、引致、完全碳排放相关计算方法，依据部门总产品和能源消费量测算了 2010 年中国工业部门直接碳排放量及排放强度；按照最终产品体现的部门间碳转移情况，测算了部门完全碳排放强度及排放量（修正前后）、引致碳排放强度及排放量（修正前后），结果如表4 - 4 所示。

结果显示，按照传统的以部门终端能源消费量核算的部门直接碳排放量进行考察，2010 年工业部门能耗碳排放总量 $62.31 \times 10^8 \, tCO_2 e$，占中国总能源消费所造成碳排放量的 84.02%，工业部门的平均排放强度是 $0.80 tCO_2 e/$万元总产品；其中，又以电力、热力的生产和供应业部门直接碳排放量最高，达到 $34.21 \times 10^8 \, tCO_2 e$，占所有工业部门排放量的 54.90%，其次是金属冶炼及压延加工业、非金属矿物制品业、化学工业、石油加工/炼焦及核燃料加工业、煤炭开采和洗选业 5 个部门，它们的直接碳排放量都在 $1 \times 10^8 \, tCO_2 e$ 以上，这 6 个直接碳排放量最高的部门占到工业总排放量的 94.42%。从总产品角度考虑，这 6 个部门是未来中国工业控制碳排放的关键部门。

表 4-4 中国工业部门能耗碳排放和部门间碳转移量核算

编号	部门 缩写	部门 全称	DCE_j 万tCO₂e	DCI_j tCO₂e/万元	TCI_j tCO₂e/万元	ICI_j tCO₂e/万元	从最终产品角度核算 TCI_j^* tCO₂e/万元	TCE_j^* 万tCO₂e	ICI_j^* tCO₂e/万元	ICE_j^* 万tCO₂e
1	MWC	煤炭开采和洗选业	13207.1916	0.6549	2.3608	1.7059	2.0690	1009.3795	1.4140	689.8654
2	EPN	石油和天然气开采业	4179.4376	0.3580	2.1736	1.8155	1.9006	578.6040	1.5426	469.6060
3	MMO	金属矿采选业	1408.4905	0.1234	3.2903	3.1669	2.7877	1914.8881	2.6642	1830.0922
4	MNO	非金属矿及其他矿采选业	1129.3140	0.2095	2.8473	2.6377	2.4565	518.5873	2.2470	474.3564
5	MFT	食品制造及烟草加工业	6245.0076	0.0926	1.1704	1.0778	0.9631	30192.5552	0.8705	27289.2574
6	MOT	纺织业	3515.8706	0.1078	1.6823	1.5745	1.3733	13301.1330	1.2655	12257.0431
7	MTW	纺织服装鞋帽皮革羽绒及其制品业	819.2625	0.0339	1.4542	1.4203	1.1539	16838.8463	1.1200	16343.9645
8	PTF	木材加工及家具制造业	1001.5515	0.0666	2.0589	1.9923	1.6923	8098.6856	1.6257	7780.1241
9	MPA	造纸印刷及文教体育用品制造业	4649.3416	0.2236	2.2207	1.9971	1.7994	5951.1894	1.5759	5211.7111
10	PPN	石油加工、炼焦及核燃料加工业	16143.2230	0.5355	2.4868	1.9513	1.7472	3759.0289	1.2117	2606.9980
11	CHI	化学工业	40394.3420	0.4332	2.9373	2.5042	2.4002	33489.5269	1.9670	27445.3723

续表

编号	部门 缩写	全称	DCE_j 万 tCO_2e	DCI_j $tCO_2e/$万元	TCI_j $tCO_2e/$万元	ICI_j $tCO_2e/$万元	从最终产品角度核算 TCI_j^* $tCO_2e/$万元	TCE_j^* 万 tCO_2e	ICI_j^* $tCO_2e/$万元	ICE_j^* 万 tCO_2e
12	MNM	非金属矿物制品业	47441.6944	1.1841	4.0631	2.8790	3.6443	9640.0439	2.4601	6507.6664
13	SPM	金属冶炼及压延加工业	129063.5406	1.5724	4.9155	3.3431	4.1296	19288.0091	2.5572	11943.9695
14	MMP	金属制品业	1265.9184	0.0517	3.5986	3.5469	2.9652	13559.4785	2.9135	13323.1638
15	MGS	通用、专用设备制造业	5096.1473	0.0769	2.7830	2.7061	2.1548	71914.1449	2.0779	69347.6883
16	MTE	交通运输设备制造业	2545.7146	0.0434	2.3135	2.2701	1.7165	56458.2667	1.6731	55031.8702
17	MEE	电气、机械及器材制造业	933.2425	0.0203	2.8606	2.8402	2.1860	50362.1499	2.1656	49893.6723
18	MCE	通信设备、计算机及其他电子设备制造业	714.8764	0.0126	1.9932	1.9806	1.2751	43428.1047	1.2625	42997.6939
19	MMI	仪器仪表及文化、办公用机械制造业	144.7218	0.0203	2.0493	2.0290	1.3820	7760.5749	1.3618	7646.7166
20	MAO	工艺品及其他制造业（含废品废料）	662.2466	0.0485	1.4212	1.3727	1.1309	6718.7118	1.0824	6430.5902
21	PDE	电力、热力的生产和供应业	342118.4052	7.8201	13.2315	5.4114	12.9021	36751.0913	5.0820	14475.8818
22	PDG	燃气的生产和供应业	358.8405	0.1601	2.0451	1.8850	1.3799	1375.3650	1.2198	1215.7728
23	PDW	水的生产和供应业	82.2341	0.0472	3.7902	3.7430	3.5632	3222.5280	3.5160	3179.8120

但是，从最终产品角度考虑，工业部门完全碳排放强度和排放量的计算结果显示，由于最终产品仅占总产品的40%（所有28个部门），一方面部门完全碳排放强度整体远高于直接碳排放强度，另一方面工业部门完全碳排放总量仅约占按总产品核算的直接碳排放总量的70%，说明工业部门为非工业部门（特别是建筑业和第三产业）提供了较多的中间产品。完全碳排放强度前5位的工业部门分别是电力、热力的生产和供应业，金属冶炼及压延加工业，非金属矿物制品业，水的生产和供应业，金属制品业部门，它们的完全碳排放强度都接近或超过3tCO$_2$e/万元；完全碳排放量前5位的工业部门分别是通用、专用设备制造业，交通运输设备制造业，电气、机械及器材制造业，通信设备、计算机及其他电子设备制造业，电力、热力的生产和供应业，它们的完全碳排放量都超过了3.5×10^8 tCO$_2$e。可见，工业部门的完全碳排放强度和直接碳排放量上有一定的相关性，两者数值最高的3个部门是重合的。但是，完全碳排放量较高的部门与直接碳排放量较高的部门则差异很大，如PDE部门，完全碳排放量仅约为直接碳排放量的1/10，这是由于完全碳排放量考察最终产品碳排放，而直接碳排放量考察的是总产品碳排放量，电力、热力的生产和供应业主要为其他部门提供电力和热力中间产品，最终产品量很少，导致完全碳排放量较低；金属冶炼及压延加工业和非金属矿物制品业也显示出类似的情况。

进一步对比工业部门的完全碳排放强度和引致碳排放强

度，可以发现，除完全碳排放强度较高的部门中，部分受直接碳排放强度影响较大外，其他多数工业部门的完全碳排放强度绝大部分由引致碳排放强度贡献。这说明，中国仅有少数处于产业链上游的工业部门，自身能源消费量高、碳排放量高、最终产品少，并通过提供中间产品将碳排放转移至其他部门，其中，电力、热力的生产和供应业部门的情况最为显著，其是其他工业部门完全碳排放提高的最主要因素；而其他多数工业部门是通过中间产品的使用，接受其他部门的碳转移，是推动中国工业碳排放增长的隐藏因素。如果仅针对直接碳排放强度和排放量较高的部门进行控制，不考虑其他部门中间需求的拉动影响，就难以有效利用不同工业部门的碳减排成本差异，[①] 达到工业碳减排经济和环境双赢的最优效果。因此，有必要针对这些部门的不同特点设计碳排放的分类控制政策，协调不同类型的部门碳减排。

（三）工业部门间碳排放转移特征分类方法及结果分析

基于完全碳排放强度中直接碳排放强度和引致碳排放的比例关系，可将工业部门按照碳转移特征进行分类，以便于实现分部门不同的减排策略。按照前文所计算的部门直接碳排放强度、引致碳排放强度、完全碳排放强度，可将各工业部门分为

[①]　陈诗一：《节能减排与中国工业的双赢发展：2009~2049》，《经济研究》2010年第3期。

以下类型。

（1）全过程高碳部门：直接碳排放强度和引致碳排放强度均较高的部门。

（2）表观高碳部门：直接碳排放强度较高，但引致碳排放强度较低的部门。此类部门能源消费量较高，但其碳排放的产生主要是为其他部门提供中间产品。

（3）传导型高碳部门：直接碳排放强度较低，但引致碳排放强度较高的部门。此类部门虽然能源消费量较低，但因中间产品使用引发了上游部门的高碳排放。

（4）低碳部门：不属于上述三种情况的其他部门。

此外，除从碳排放强度进行部门分类外，还可进一步结合各部门的碳排放量，从而实现部门碳排放的分类控制。一般来说，全过程高碳部门是工业碳减排的关键部门；表观高碳部门应侧重优化能源结构、提高碳效率进行碳减排；传导型高碳部门应侧重推动减量化等循环经济生产方式进行碳减排。

对 23 个工业部门的完全碳排放强度（直接、引致碳排放强度）进行分类分析，如图 4-1 所示。

由图 4-1（a）可知，由于工业部门大量地使用电力、热力等二次能源，除电力生产业的直接碳排放强度高于引致碳排放强度外，其他所有工业部门的完全碳排放强度都以引致碳排放强度为主，以电力部门为核心的减排方式确有其依据；直接碳排放强度较高的工业部门，除电力、热力的生产和供应业部门外，主要是金属冶炼及压延加工业、非金属矿物制品业、煤

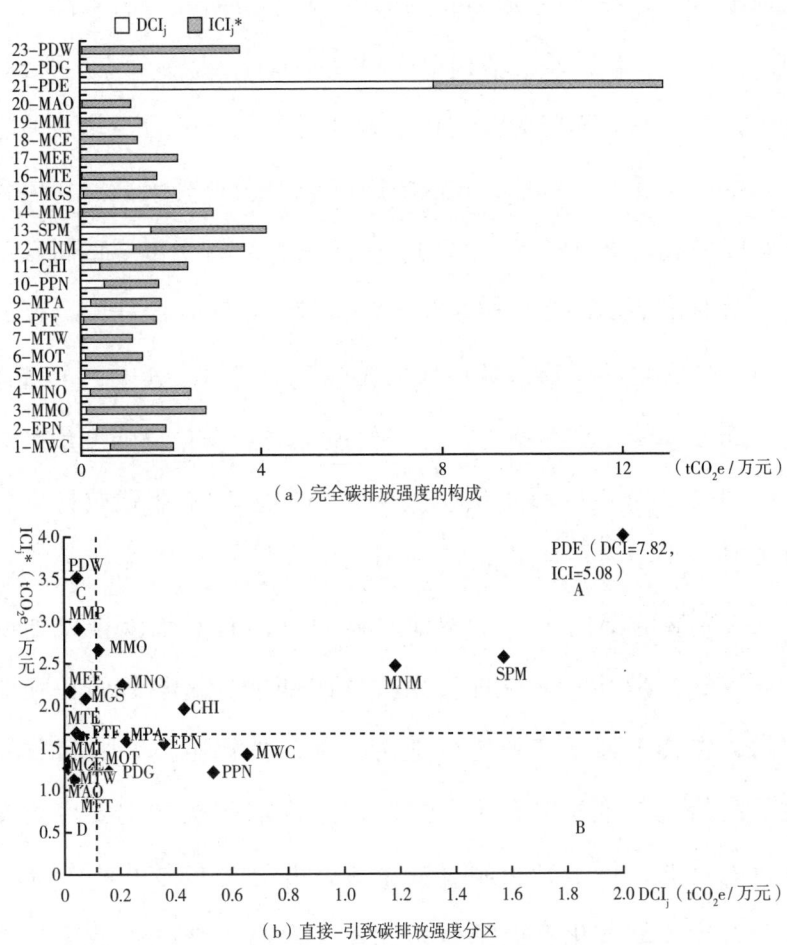

（a）完全碳排放强度的构成

（b）直接–引致碳排放强度分区

图4-1 中国工业部门完全碳排放强度构成及分区

炭开采和洗选业、石油加工/炼焦及核燃料加工业、化学工业、

石油和天然气开采业等部门，这些部门主要涉及能源开采、矿

物冶炼和石油化工工业这些传统的高能耗行业。

进一步，本文将23个工业部门的直接碳排放强度和引致

碳排放强度进行分区，将 DCI$_j$ 数值较高的11个部门划分为直

接高碳部门，将 ICI_j^* 数值较高的 11 个部门划分为引致高碳部门，从而将 23 个工业部门分为 4 类，如图 4 - 1 （b）所示。其中，A 区域的部门为全过程高碳部门，包含电力、热力的生产和供应业等 6 个部门；B 区域的部门为表观高碳部门，包含煤炭开采和洗选业等 5 个部门；C 区域的部门为传导型高碳部门，包含水的生产和供应业等 5 个部门；D 区域的部门为低碳部门，包含食品制造及烟草加工业等 7 个部门。其中，全过程高碳部门和传导型高碳部门正好构成了完全碳排放强度最高的 11 个部门，这说明引致碳排放的控制在未来工业碳减排中相当重要。

B 区域的部门，直接碳排放强度高，而引致碳排放强度相对较低，是目前碳减排较为关注的部门。这些部门在工业部门碳转移中处于产业链的上游，部门能源强度高，接收其他部门的碳转移相对较少。控制这类部门碳排放主要应提高行业能耗准入标准，控制过快增长，并在生产过程中，降低煤、石油等高碳化石能源使用比例、提高天然气等低碳化石能源及清洁能源的使用比例，推进清洁生产，提高单位能耗的产出。

C 区域的部门，直接碳排放强度低，而引致碳排放强度相对较高，这些部门一次能源使用量较少，但其上游部门多是直接碳排放强度较高的部门，导致碳转移的中间需求高。控制这类部门的碳排放主要应减少中间需求量，建设工业园区、产业聚集区，通过推广源头减量、资源循环利用、再制造和能源梯级利用等方式，提高单位物耗的产出。

A 区域的部门，也是目前碳减排较为关注的部门，直接和引致碳排放强度都较高，导致碳转移的中间产品供应和需求都比较旺盛，可以作为碳减排的优先控制部门（特别是重视火电、钢铁、化工、有色等行业的节能减排），重点实施各类政策干预，组合使用上述各类方法。

此外，本章通过计算 ICI_i^*/DCI_j 发现，有 11 个部门这一比值超过 20，属于差异性较大的部门。除所有的传导型高碳部门的差异性都较大外，在 D 区域的低碳部门中也有一部分差异性大的部门，如通信设备、计算机及其他电子设备制造业和仪器仪表及文化办公用机械制造业等部门，这些部门的发展可能带来其他高碳产业的增长，是未来潜在的碳排放增长部门，值得进一步关注。

三　中国进出口碳转移评价模型（修正）及结果讨论

（一）进出口碳转移分析模型设计

1. 进出口碳转移的计算

工业碳排放除跟随中间产品在部门间转移外，也可以随出口转移至其他国家，而进口国外产品则可以避免内生产同类产品的碳排放。目前，由于受加工贸易影响，中国在进出口中是碳的净出口国还是净受益国，在很多研究中存在争论。[1] 上文中通过修正完全碳排放的计算方法，已经规避了部门中间产品受进口贸易的影响，可通过 TCI^* 矩阵计算各部门出口的碳排放量。同时，进口产品中用于提供中间产品，而减少了出口产品碳排放的情况已经被扣除；计算进口产品中用于国内消费和生产国内消费品，而减少国内的碳排放量时，同样需要对 Leontief 逆矩阵作再次修正，其修正方法可参考朱启荣给出的估算方法：[2]

$$ECE_j' = TCI_j^* \times EX_j \qquad （式4-11）$$

$$ICE_j' = TCI_j' \times IM_j \qquad （式4-12）$$

$$TCI' = DCI \times [I - \nu \times A]^{-1} = [TCI_1', TCI_2', \cdots, TCI_n']$$
$$（式4-13）$$

$$\nu = \begin{bmatrix} \nu_{11} & 0 & \cdots & 0 \\ 0 & \nu_{22} & \cdots & 0 \\ \vdots & \vdots & \vdots & \vdots \\ 0 & 0 & \cdots & \nu_{nn} \end{bmatrix}, \nu_{jj} = 1 - \frac{EX_j}{X_j + IM_j} \quad （式4-14）$$

$$VCE_j' = ECE_j' - ICE_j' \qquad （式4-15）$$

式4-11 至式4-15 中，ECE_j' 是部门 j 因出口向其他国家转移的碳排放；ICE_j' 是部门 j 因进口而减少的国内碳排

---

[1] Peters G. P., Weber C. L., Guan D., et al., "China's Growing CO$_2$ Emissions: A Race Between Increasing Consumption and Efficiency Gains", *Environmental Science & Technology*, 2007（17）；王媛、王文琴、方修琦等：《基于国际分工角度的中国贸易碳转移估算》，《资源科学》2011 年第 7 期。

[2] 朱启荣：《中国外贸中虚拟水与外贸结构调整研究》，《中国工业经济》2014 年第 2 期。

放；TCI' 是为了测算进口所减少碳排放量而再次修正的完全碳排放强度矩阵，其中，TCI_j' 是为测算部门 j 进口碳排放量，而使用的部门 j 的再次修正的完全碳排放强度；ν 是 ν_{jj} 组成的对角矩阵，ν_{jj} 为部门 j 的进口产品中用于国内消费和生产国内消费品的合计比例；EX_j 为部门 j 的出口额；VCE_j' 是部门 j 进出口中碳的净转移量。如果 $VCE_j' > 0$，则说明部门 j 在进出口中为其他国家承担了碳排放；反之，则说明部门 j 在进出口的碳转移中净收益（其他国家承担了本国碳排放）。

（二）工业部门进出口碳转移结果分析

中国工业部门进出口碳转移测算结果显示（见表 4 - 5），中国出口和进口转移的碳排放基本平衡，23 个工业部门中，$VCE_j' \geqslant 0$ 的部门 11 个，$VCE_j' < 0$ 的部门 12 个，进口碳排放量略高于出口碳排放量（此结论可能受后金融危机时期出口低迷影响）。其中，净进口碳排放量较大的部门主要是金属矿采选业、石油和天然气开采业等部门，净出口碳排放量较大的部门主要是纺织业、电气机械及器材制造业等部门。中国所有 28 个三次产业部门净进口碳排放量为 $1.02 \times 10^8 tCO_2e$，相当于削减了所有部门完全碳排放总量的 1.28%；23 个工业部门净进口碳排放量 $1.86 \times 10^8 tCO_2e$，相当于削减了中国所有工业部门完全碳排放量的 4.09%。中国通过进出口贸易，在国际碳转移方面略有得益。

表4-5 中国工业部门进出口碳排放转移量测算结果

编号	部门		ECE_j'	ICE_j'	VCE_j'
	缩写	全称	万 tCO_2e	万 tCO_2e	万 tCO_2e
1	MWC	煤炭开采和洗选业	292.0529	2813.5058	-2521.4529
2	EPN	石油和天然气开采业	301.3984	16994.4972	-16693.0988
3	MMO	金属矿采选业	212.8274	22290.8437	-22078.0163
4	MNO	非金属矿及其他矿采选业	388.7429	791.1094	-402.3665
5	MFT	食品制造及烟草加工业	2126.7762	2433.7117	-306.9355
6	MOT	纺织业	12345.7539	1200.3699	11145.3840
7	MTW	纺织服装鞋帽皮革羽绒及其制品业	6688.8888	739.4318	5949.4570
8	PTF	木材加工及家具制造业	4566.6853	756.4245	3810.2608
9	MPA	造纸印刷及文教体育用品制造业	4083.5156	1864.0337	2219.4819
10	PPN	石油加工、炼焦及核燃料加工业	1428.2543	4775.7133	-3347.4590
11	CHI	化学工业	22662.3789	30312.8749	-7650.4960
12	MNM	非金属矿物制品业	6932.1625	2137.4264	4794.7361
13	SPM	金属冶炼及压延加工业	15100.9258	23467.5413	-8366.6155
14	MMP	金属制品业	10240.1295	2259.6163	7980.5132
15	MGS	通用、专用设备制造业	15431.5729	22348.4373	-6916.8644
16	MTE	交通运输设备制造业	8750.2943	10901.5373	-2151.2430
17	MEE	电气、机械及器材制造业	20310.4555	9849.9544	10460.5011
18	MCE	通信设备、计算机及其他电子设备制造业	30763.2481	21838.9731	8924.2750
19	MMI	仪器仪表及文化办公用机械制造业	4996.6262	7003.2579	-2006.6317
20	MAO	工艺品及其他制造业（含废品废料）	1944.3426	4118.6950	-2174.3524
21	PDE	电力、热力的生产和供应业	1021.7957	240.9247	780.8710
22	PDG	燃气的生产和供应业	0.0000	0.0000	0.0000
23	PDW	水的生产和供应业	0.0000	0.0000	0.0000

此外，对比一般的完全碳排放计算方法和本文的修正方法，本文方法更为准确。在不存在进出口的情况下，应有 $\sum DCE_i = \sum TCE_j$ 的关系存在，但如前文所述，中国是进口贸易大国，由于进口产品被广泛用于各部门所需要的中间产品，在不修正 Leontief 逆矩阵的情况下，部门完全碳排放会被显著高估。若按照未修正的 TCI_j 计算，所有部门（含非工业部门）的完全碳排放量为 $98.22 \times 10^8 tCO_2e$，较理论值高出 32.44%，经过本文模型修正的 TCI_j^* 计算，所有部门（含非工业部门）的完全碳排放量为 $78.40 \times 10^8 tCO_2e$，与理论值的误差缩小到 5.72%。误差为正值说明，前文中"各部门的中间产品和最终产品中，进口品和国内产品所占的比重相同"的假设不完全符合实际，事实上，进口品在中间产品中的比重还要略高于用于满足最终需求的部分。

四 中国工业部门间碳转移路径分析模型及结果讨论

（一）工业部门间碳转移路径分析模型设计

完全碳排放的核算是从需求端计算某部门接受其他部门碳转移的累计量，解决了哪些部门是碳转移的主要接受者、哪些部门是碳转移的主要供给者的问题。但完全可能出现部门 i 的大部分碳排放都随中间产品转移至部门 j，但在部门 j 所接受的其他部门的中间产品中，部门 i 提供的中间产品只占较少部分。这样，从需求端考虑，部门 i 到部门 j 的碳转移可能不会被判定为部门间碳转移的主要路径。因此，从供给端出发来判断工业部门间碳转移的主要路径可能更为合适。

部门直接分配系数矩阵 H 为：

$$H = \begin{bmatrix} h_{11} & h_{12} & \cdots & h_{1n} \\ h_{21} & h_{22} & \cdots & h_{2n} \\ \vdots & \vdots & \vdots & \vdots \\ h_{n1} & h_{n2} & \cdots & h_{nn} \end{bmatrix} \quad h_{ij} = \frac{x_{ij}}{X_i}; i,j = 1,2,\cdots,n$$

（式 4 - 16）

式 4 - 16 中，h_{ij} 为直接分配系数，表示部门 i 向部门 j 提供的中间产品占部门 i 总产品的比重；X_i 为部门 i 的总产品。直接分配系数的分母有时使用部门总供给（国内生产和进口之和），但本章研究部门碳转移，主要是对定性和结构分析，不涉及进口产品的具体分配情况，故未使用进口项。

完全分配系数矩阵 W 为：

$$W = [I - H]^{-1} - I \qquad （式 4 - 17）$$

式 4 - 17 中，$[I - H]^{-1}$ 为 Ghosh 逆矩阵，[①] W 的第 i 行第 j 列元素 W_{ij} 表示部门 i 单位初始投入（即增加值）中直接和间接分配给部门 j 的数量（不含初始投入本身）。由此，假设部门中间投入和初始投入对碳排放影响相同，即可计算某部门对

---

① Ghosh A., "Input-output Approach in an Allocation System", *Economica*, 1958 (97).

其他所有部门的碳转移强度：

$$
\mathrm{TCT} = \begin{bmatrix} DCI_1 & 0 & \cdots & 0 \\ 0 & DCI_2 & \cdots & 0 \\ \vdots & \vdots & \vdots & \vdots \\ 0 & 0 & \cdots & DCI_n \end{bmatrix} \times W = \begin{bmatrix} TCT_{11} & TCT_{12} & \cdots & TCT_{1n} \\ TCT_{21} & TCT_{22} & \cdots & TCT_{2n} \\ \vdots & \vdots & \vdots & \vdots \\ TCT_{n1} & TCT_{n2} & \cdots & TCT_{nn} \end{bmatrix}
$$

（式 4 - 18）

式 4 - 18 中，TCT 为碳转移强度矩阵，是部门直接碳排放强度组成的对角阵与完全分配系数矩阵 W 的乘积，TCT_{ij} 表示部门 i 每提供单位初始投入会流向部门 j 的碳排放。根据 TCT_{ij} 的数值，可以判断工业部门间主要的碳转移路径。

（二）工业部门间碳转移路径分析结果讨论

本章从供给端出发，对 23 个工业部门间的碳转移强度进行了测算（结果如表 4 - 6 所示），对 506 个碳转移强度（529 个部门间数据中，扣除 23 个部门自身间碳转移的数据）选取数值前 10% 的 50 个（最低值为 0.1197tCO$_2$e/万元）作为部门间的主要碳转移路径，其中有 22 个为电力部门向其他工业部门的碳转移，如图 4 - 2 所示。

图 4 - 2 显示出中国工业部门间碳转移路径的以下特点。

（1）能源转化部门（电力、热力的生产和供应业部门）对其他几乎所有的工业部门（燃气的生产和供应业部门除外）的碳转移都是碳的主要流动方向。

（2）主要的碳转移路径中，采掘业流向制造业、流程制造业流向离散制造业为主要方向，并存在流程制造业部门间的主要转移路径。

（3）不存在采掘业部门间、离散制造业部门间、从离散制造业流向采掘业和流程制造业，以及从流程制造业流向采掘业的主要碳转移路径。从供给端考虑，上述这些主要的碳转移路径将是未来工业部门碳排放控制的关键环节。

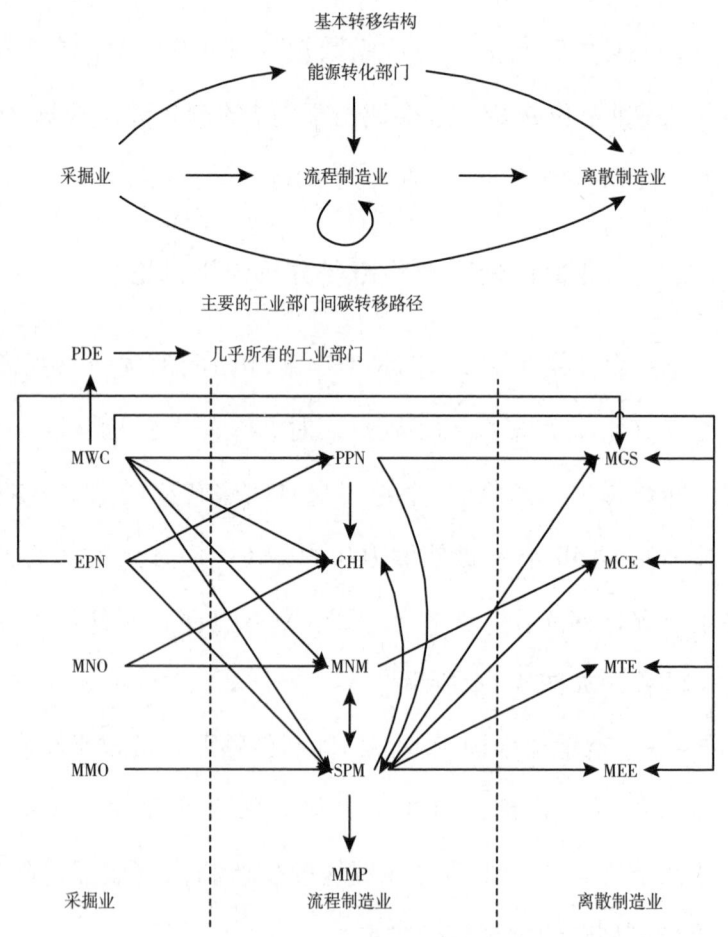

图4-2 中国工业部门间主要的碳排放转移路径示意

表 4 - 6 中国工业部门间碳转移强度核算

部门	MWC	EPN	MMO	MNO	MFT	MOT	MTW	PTF	MPA	PPN	CHI	MNM	SPM	MMP	MGS	MTE	MEE	MCE	MMI	MAO	PDE	PDG	PDW
MWC	0.169	0.024	0.036	0.014	0.075	0.055	0.038	0.035	0.048	0.131	0.294	0.234	0.375	0.085	0.180	0.131	0.128	0.113	0.015	0.021	0.492	0.008	0.006
EPN	0.026	0.024	0.031	0.014	0.072	0.049	0.036	0.027	0.038	0.602	0.391	0.110	0.240	0.055	0.136	0.109	0.101	0.100	0.013	0.017	0.091	0.038	0.002
MMO	0.009	0.005	0.021	0.002	0.009	0.006	0.004	0.006	0.007	0.010	0.036	0.019	0.302	0.044	0.090	0.059	0.067	0.033	0.005	0.006	0.015	0.001	0.000
MNO	0.004	0.002	0.003	0.018	0.015	0.011	0.007	0.006	0.009	0.006	0.122	0.133	0.039	0.014	0.026	0.023	0.023	0.026	0.004	0.005	0.009	0.000	0.000
MFT	0.001	0.000	0.001	0.000	0.034	0.004	0.005	0.002	0.002	0.001	0.010	0.002	0.004	0.001	0.004	0.004	0.003	0.004	0.000	0.001	0.002	0.000	0.000
MOT	0.001	0.000	0.001	0.000	0.003	0.068	0.053	0.003	0.005	0.001	0.011	0.003	0.006	0.002	0.005	0.006	0.004	0.004	0.001	0.006	0.002	0.000	0.000
MTW	0.000	0.000	0.000	0.000	0.001	0.002	0.007	0.001	0.001	0.001	0.002	0.001	0.002	0.001	0.001	0.002	0.001	0.001	0.000	0.000	0.001	0.000	0.000
PTF	0.002	0.001	0.001	0.000	0.003	0.001	0.001	0.030	0.005	0.005	0.006	0.004	0.005	0.004	0.006	0.008	0.004	0.004	0.001	0.002	0.002	0.000	0.000
MPA	0.004	0.002	0.003	0.002	0.037	0.015	0.014	0.009	0.097	0.005	0.054	0.027	0.022	0.010	0.024	0.021	0.024	0.031	0.004	0.005	0.011	0.001	0.000
PPN	0.024	0.017	0.028	0.013	0.061	0.039	0.030	0.023	0.031	0.071	0.282	0.096	0.213	0.048	0.120	0.093	0.086	0.083	0.011	0.014	0.073	0.004	0.002
CHI	0.012	0.007	0.010	0.007	0.065	0.064	0.040	0.026	0.045	0.020	0.356	0.055	0.066	0.025	0.069	0.077	0.069	0.094	0.012	0.015	0.025	0.001	0.001
MNM	0.018	0.009	0.011	0.012	0.044	0.019	0.013	0.016	0.017	0.023	0.098	0.310	0.147	0.038	0.089	0.077	0.093	0.120	0.019	0.015	0.033	0.002	0.001
SPM	0.066	0.035	0.034	0.015	0.063	0.041	0.031	0.043	0.052	0.073	0.215	0.136	0.841	0.319	0.679	0.451	0.520	0.248	0.034	0.046	0.116	0.006	0.003
MMP	0.002	0.001	0.001	0.001	0.003	0.002	0.001	0.002	0.002	0.002	0.008	0.006	0.009	0.010	0.014	0.009	0.010	0.010	0.002	0.002	0.004	0.000	0.000
MGS	0.003	0.002	0.002	0.001	0.003	0.003	0.002	0.002	0.002	0.001	0.011	0.006	0.015	0.005	0.029	0.017	0.009	0.006	0.001	0.001	0.005	0.002	0.000
MTE	0.001	0.000	0.000	0.000	0.001	0.001	0.001	0.000	0.001	0.001	0.003	0.001	0.003	0.001	0.003	0.023	0.002	0.002	0.000	0.000	0.002	0.000	0.000
MEE	0.000	0.000	0.000	0.000	0.001	0.000	0.000	0.000	0.000	0.000	0.002	0.001	0.003	0.001	0.004	0.003	0.005	0.003	0.000	0.001	0.002	0.000	0.000
MCE	0.000	0.000	0.001	0.000	0.000	0.000	0.001	0.001	0.001	0.001	0.002	0.001	0.005	0.000	0.001	0.001	0.002	0.013	0.001	0.000	0.002	0.000	0.000
MMI	0.001	0.001	0.001	0.001	0.001	0.001	0.001	0.001	0.001	0.001	0.005	0.002	0.004	0.001	0.004	0.005	0.003	0.011	0.000	0.000	0.004	0.000	0.000
MAO	0.001	0.001	0.001	0.001	0.003	0.002	0.002	0.002	0.008	0.002	0.010	0.007	0.021	0.005	0.014	0.008	0.009	0.007	0.001	0.005	0.003	0.000	0.000
PDE	0.444	0.339	0.634	0.223	0.900	0.692	0.429	0.409	0.549	0.791	3.224	1.568	3.635	1.093	2.057	1.512	1.394	1.380	0.173	0.224	4.671	0.058	0.130
PDG	0.003	0.002	0.007	0.003	0.011	0.007	0.005	0.004	0.005	0.009	0.047	0.014	0.036	0.009	0.023	0.018	0.016	0.017	0.002	0.003	0.011	0.010	0.001
PDW	0.001	0.001	0.001	0.000	0.003	0.002	0.001	0.001	0.005	0.001	0.008	0.003	0.006	0.002	0.004	0.004	0.003	0.004	0.001	0.004	0.004	0.000	0.001

五　本章小结

本章基于 IPCC 清单分析法和修正的投入产出模型，对中国工业部门直接、引致和完全碳排放、碳排放在工业部门间和国际贸易间的转移情况进行了核算、分类和评价。相对于同类研究，本章在理论和方法上的主要发展在于以下几点。第一，进一步完善了核算方法，提高了碳排放核算的准确性。充分考虑了能源加工转化、能源非燃料应用以及非 CO_2 温室气体排放的影响，减少了对工业部门直接碳排放核算的误差；考虑到进出口贸易的影响，对完全碳排放强度的计算方法进行修正，避免了完全碳排放量被显著高估的情况。第二，将研究的分析层次深入具体的高碳部门分类和部门间的碳转移路径分析。研究中将高碳部门划分为全过程、表观和传导型三种类型，并利用投入产出对称模型从供给端分析工业部门间碳转移的主要路径，结果更有助于得到部门分类控制、组团控制的基本思路。对研究结果的分析和讨论如下。

（1）在强度减排和绝对量减排的关系方面，中国工业部门实施完全碳排放强度控制，抑或实施直接碳排放量控制，两者可能并不冲突，且在部门选择上具有一定的一致性，但完全碳排放量和直接碳排放量控制对应的部门则差异显著。从最终需求测算，中国工业部门完全碳排放强度控制和直接碳排放总量控制的对象趋同，并且会以干预 5~6 个关键部门为主，这几个关键部门占到碳排放总量的 90% 以上。电力、热力的生产和供应业，金属冶炼及压延加工业，非金属矿物制品业既是直接碳排放量最高的部门，又是完全碳排放强度最高的部门。这些产业能耗大、最终产品少，无论是选择绝对量减排还是强度减排，都是未来的重点控制部门。考虑到强度减排未来势必向总量减排过渡，选择完全碳排放强度作为控制目标，相比直接碳排放强度，既符合责任共担原则，也可能保证了政策的延续性。

（2）中国工业部门的完全碳排放，很大部分来源于引致碳排放，按照直接—引致碳排放的构成，对不同类型的高碳部门应实施分类控制。受工业能耗中电力消费的影响，除电力、热力的生产和供应业外，其他 22 个工业部门引致碳排放强度都超过了直接碳排放强度。具体的分类控制上，对煤炭开采和洗选业、石油加工炼焦及核燃料加工业等 5 个表观高碳部门，应重点改变高碳能源消费结构，提高低碳能源、清洁能源的使用比例；对水的生产和供应业、金属制品业等 5 个传导型高碳部门，应重点控制中间产品使用量，鼓励减量化、资源梯级利用、循环利用的生产技术；而对电力、热力的生产和供应业与金属冶炼及压延加工业等 6 个全过程高碳部门，则需要多种减排手段的组合应用。减排目标设定和操作方法方面，一方面应通过责任归属、减排能力、减排成本的综合平衡来确定适当的上下游部门碳减排比例；另一方面，若未来中国实施碳交易政策，则发达国家对电力部门实施的"祖父式"配额和利益再分配方式也有其合理和可借鉴之处，可以给予直接碳排放强度较高而引致碳排放强度较低的部门更多的初始配额，通过市场的配额交易和自行调整，弥补上游产业因提供中间产品而需要额外付出的减排成本。

（3）中国工业部门通过国际贸易在国家间碳排放转移中略有受益，未来可进一步有针对性地调整进出口贸易结构，促进工业低碳转型。中国净出口和净进口碳的工业部门各约占一半，其中碳出口贡献较大的部门，包括：纺织业，电气机械及器材制造业，通信设备、计算机及其他电子设备制造业，金属制品业；等等。对纺织业等低碳部门，可维持一定的出口规模以减少对经济增长的影响，但对金属制品业等完全碳排放强度较高的部门，可适度降低出口比重或在出口成本中增加对碳成本的考虑。碳进口贡献较大的部门，包括金属矿采选业、石油和天然气开采业、金属冶炼及压延加工业、化学工业等，这些部门基本属于高碳部门和产业链前端，未来可以适当提高这些碳密集型部门产品的进口比重，减少国内碳排放。

（4）工业部门间碳排放转移路径分析显示，受部门间碳转移影响，不同部门间需承担共同减排责任，并可形成一些可优先考虑的部门减排组团。从供给端分析的碳转移路径显示，电力、热力的生产和供应业与其他部门间，采掘业和流程、离散制造业的部分部门间（如煤炭开采和洗选业与石油加工、炼焦及核燃料加工业之间，石油和天然气开采业与化学工业之间等），流程制造业的部分部门间（如石油加工、炼焦及核燃料加工业和化学工业之间，非金属矿物制品业与金属冶炼及压延加工业之间等），以及流程制造业和离散制造业的部分部门间（如金属冶炼及压延加工业与通用、专用设备制造业之间，非金属矿物制品业与通信设备、计算机及其他电子设备制造业之间等）碳转移联系紧密，可根据部门能流、物流和技术特征设计协同减排措施。

第五章

基于 RAS 法的工业部门碳转移
变动预测研究[*]

受到直接消耗系数难以预测的限制，目前基于投入产出方法的碳排放研究，大多数为历史、现状评价和短期"静态"分析，与其他模型组合进行动态预测的研究不多。投入产出法使用于碳排放现状评价和未来趋势的主要问题在于：一是在现状评价层面，投入产出表制作繁琐，发布时往往已滞后于现实时间 3～4 年，即使用最新的投入产出表进行的现状分析事实上也已经是历史分析，但是投入产出表的核心部分——直接消耗矩阵的结构，一般认为有 5～10 年的中长期稳定性，因此数据相对滞后的影响得到了一定缓解；二是在趋势预测层面，由于未来若干年的投入产出表的直接消耗矩阵难以预估，以投入产出分析为核心技术的研究往往难以进行预测研究。

本章借助平稳增长假设确定边界条件，采用统计学方法对

---

* 本章主要根据笔者发表于发表于《中国工业经济》2015 年第 6 期独著论文《中国工业部门碳排放转移评价及预测研究》部分小节修改扩展而得。

未来中国投入产出表结构变动进行预判，并在此基础上对工业部门间碳转移路径和强度变化进行分析。由于近年来中国经济增长速度和方式转变较快，部门间技术经济联系结构正处于从高增速向高质量的不同平衡态之间的过渡阶段，不宜对过长期未来实施预测，本章仅使用历史投入产出表（2005 年和 2010 年）预测未来中期（2017 年）投入产出表结构和碳转移发展趋势。

一　基于 RAS 法的工业部门碳转移预测模型设计

由于投入产出表的编制过程十分繁琐，数年才发布一次数据，投入产出数据是缺乏时间序列的静态数据。利用投入产出法估计未来某时期部门间技术经济联系变动的主要障碍是如何合理预测目标期的直接消耗系数矩阵。针对这一问题，Stone 和 Brown 最早提出了采用 RAS 法（Biproportional Scaling Method，双比例平衡技术）修正直接消耗系数的数学方法，[1] 目前已在实践中得到了最广泛的应用，并且针对估计精度、经济解释、数据可获得性等方面的缺陷，学界在其基础上相继发展出 TRAS、GRAS、IDFC 等估计方法。[2] 但研究同时表明，在传统

---

[1] Stone R., Brown A., A Computable Model of Economic Growth, Cambridge: Cambridge University Press, 1962.

[2] Junius T., Oosterhaven J., "The Solution of Updating or Regionalizing a Matrix with Both Positive and Negative Entries", *Economic System Research*, 2003（1）；叶震：《投入产出数据更新方法及其在碳排放分析中的应用》，《统计与信息论坛》2012 年第 9 期。

的 RAS 法和采用非线性优化技术改进的 RAS 法的比较中，对直接消耗系数的估计两者十分接近，且由于实际投入产出表中已经利用 RAS 法进行了平衡处理，在许多算例中改进后的 RAS 法的修正结果往往还不能优于传统 RAS 法；[①] 同时，在投入产出延长表的处理中，受数据可获得性的影响，一般采用主要元素修订法，利用已知条件对重要部门的直接消耗系数进行预计后，再采用 RAS 法进行行列系数平衡。[②] 整体而言，RAS 法具有估计精度较强、预测效果可接受、便于加入约束条件的特点，已广泛应用于实际中投入产出表和延长表的制作。

直接消耗系数的数学修订方法中，除 RAS 法外，日本学者黑田昌裕提出的黑田方法也常用于投入产出表系数的预测。黑田方法以估计的直接消耗系数与参考年直接消耗系数差的平方和最小为目标，采用拉格朗日待定系数法确定直接消耗系数的估计值。采用我国历史数据的研究表明，采用 RAS 法和黑田方法预测的投入产出表结构与实际情况产生的偏差基本一致，[③] 由于我国历史上经济增长速度和结构变化都处于快速调整期，直接消耗系数矩阵不稳定性强，各类预测方法都仅在中短期预测中能表现出较高的估计精度。

[①] 雒晓娜：《投入产出系数的修订及其多目标优化模型应用研究》，大连理工大学硕士学位论文，2005。

[②] 王思强、关忠良、田志勇：《基于 Excel 表的 RAS 方法在投入产出表调整中的应用》，《生产力研究》2009 年第 9 期。

[③] 马向前、任若恩：《中国投入产出序列表外推方法研究》，《统计研究》2004 年第 4 期。

尽管 RAS 法和黑田方法这两类主要的数学修订方法对我国历史上投入产出表预测的效果不尽如人意，在长程预测中并不适用，相比而言，基于实际调查资料法的非数学修订方法的可靠性更强，但从时间、人力、资金成本角度考虑，本章在缩短预测周期、科学确定宏观经济变量目标和广泛参考部门碳减排规划文件的基础上，选用 RAS 法进行未来投入产出表结构的预测。

RAS 法假定直接消耗系数的变动来自替代效应和制造效应的影响，并构造两套乘数矩阵 R 和 S 来表示这两种影响。

$$R = \begin{bmatrix} r_1 & 0 & \cdots & 0 \\ 0 & r_2 & \cdots & 0 \\ \vdots & \vdots & \vdots & \vdots \\ 0 & 0 & \cdots & r_n \end{bmatrix}, \quad S = \begin{bmatrix} s_1 & 0 & \cdots & 0 \\ 0 & s_2 & \cdots & 0 \\ \vdots & \vdots & \vdots & \vdots \\ 0 & 0 & \cdots & s_n \end{bmatrix} \quad （式5-1）$$

式 5-1 中，R 为替代乘数矩阵，S 为制造乘数矩阵。设基期为第 t 期，直接消耗系数矩阵为 A_t；预测的目标期为第 p 期，直接消耗系数矩阵为 A_p，则存在 R，S 使 $A_p = RA_tS$ 成立。在 RAS 法的基础上，本章以经济增长及部门间技术经济联系结构平稳变化为前提，设计了若干假设条件和目标函数。

设 m 期为基期前的某一时期假设：

（1）以 m 期至 t 期平均变化率为参考，第 t 期至第 p 期各部门的中间需求率和中间投入率平稳变化。

（2）以 m 期至 t 期平均变化率为参考，第 t 期至第 p 期各部门的增加值平稳变化；且第 p 期进口结构与第 t 期相同（由于我国进口结构并不呈现平稳变化的规律）。

由此，可以估计第 p 期各部门的增加值、最终产品、进口量、总产品，以及中间投入和中间产品的比例。（所有涉价格因素的数据均按基期不变价计算）。

并设定目标函数为：

$$\min G = \sum_{j=1}^{n} \left[\frac{\sum_{i=1}^{n} r_i a_{tij} s_j X_{pj} + Z_{pj} - X_{pj}}{X_{pj}} \right]^2 \qquad (\text{式 } 5-2)$$
$$+ \sum_{i=1}^{n} \left[\frac{\sum_{j=1}^{n} r_i a_{tij} s_j X_{pj} + Y_{pi} - IM_{pi} - X_{pi}}{X_{pi}} \right]^2$$

式 5-2 中，α_{tij} 为第 t 期直接消耗系数，Z_{pj} 为第 p 期部门 j 的增加值，Y_{pi}、IM_{pi}、X_{pi} 分别表示第 p 期部门 i 的最终产品量、进口量和总产品量。式 5-2 表示投入产出表的横向和纵向各项估计值和已知值的误差平方和最小化。在这一目标下，通过反复迭代（采用 Excel 即可实现），使投入产出表数据收敛，得到目标期第 p 期的直接消耗系数矩阵。按照前文的计算方法，即可估计在不同的直接碳排放强度条件下，目标期的部门完全碳排放强度和总量的变化（这种变化体现了部门间碳转移的变化）。

二 情景假设与投入产出表预测

（一）迭代求解过程

由于中国历年统计年鉴仅公布各工业部门规模以上企业的

增加值和总产值，不公布规模以下企业的数据，本章相关研究能得到的工业部门最新数据依然是 2010 年投入产出表中所公布的数据。本章以 2010 年为预测基期（第 t 期），以 2005 年为参照的第 m 期。由于投入产出表体现的部门间经济技术联系的稳定性具有时间限制，不宜于预测过长时期的变化，考虑到 2017 年是据本研究未来最近的有投入产出数据公布的年份，本章以 2017 年为预测的目标期（第 p 期，预计在 2020 年底或 2021 年初会公布 2017 年中国投入产出表），便于未来研究的数据对比。

按照上文所述流程，假定 2010～2007 年部门间中间需求率和供给结构平稳变化。首先，估计各产业部门（含工业部门及其他产业部门）2017 年增加值率（投入产出表横向第三象限整体结构），计算 2005 年（第 m 期，参照期）至 2010 年（第 t 期，基期）各产业部门的增加值率年均变化（几何均值），并以此预测 2017 年（第 p 期，预测期）各产业部门的增加值率，结果显示大部分部门的增加值率会有所下降，这意味着未来各部门间中间关联提升，直接消耗系数和完全消耗系数会整体提升。然后，估计各产业部门最终产品占总产品的比例（投入产出表第二象限整体结构），以 2005～2010 年各产业部门最终产品占总产品比例年均变化率为参考，预测各产业部门 2017 年最终产品占总产品比例，同时对波动过大的 2 个部门采用 2010 年数据替代，结果显示大部分产业部门最终产品占比下降。这意味着大部分部门完全碳排放将有可能提升，具体预估结果如表 5 – 1 所示。

表 5 –1　中国产业部门中间/最终投入和中间/最终需求预测

单位：%

产业部门	缩写	2010 年增加值率	2005 ~ 2010 年增加值率年均变化	2010 年最终产品占总产品比例	2005 ~ 2010 年最终产品占比年均变化	2017 年增加值率	2017 年最终产品占总产品比例
农、林、牧、渔业	AFA	58.47	0.00	24.95	– 5.72	58.47	16.52
煤炭开采和洗选业	MWC	45.94	0.89	2.42	– 169.43	48.87	2.42
石油和天然气开采业	EPN	59.56	– 2.98	2.61	3.49	48.21	3.31
金属矿采选业	MPM	34.65	0.36	6.02	– 30.04	35.53	0.49
非金属矿及其他矿采选业	MNO	33.78	2.12	3.92	– 1.88	39.13	3.43
食品制造及烟草加工业	MFT	21.08	– 5.33	46.49	– 3.99	14.37	34.96
纺织业	MOT	20.60	– 0.29	29.70	– 4.45	20.18	21.60
纺织服装鞋帽皮革羽绒及其制品业	MTW	19.18	– 5.14	60.41	– 5.05	13.26	42.03
木材加工及家具制造业	PTF	19.22	– 3.75	31.81	– 0.74	14.71	30.20
造纸印刷及文教体育用品制造业	MPA	20.58	– 3.53	15.91	– 7.40	16.00	9.28
石油加工、炼焦及核燃料加工业	PPN	19.84	1.11	7.14	– 15.10	21.44	2.27
化学工业	CHI	19.36	– 2.36	14.96	2.42	16.39	17.69
非金属矿物制品业	MNM	21.95	– 3.93	6.60	– 8.38	16.58	3.58
金属冶炼及压延加工业	SPM	17.81	– 2.82	5.69	– 0.84	14.58	5.36
金属制品业	MMP	18.69	– 3.24	18.67	– 6.81	14.85	11.40

续表

产业部门	缩写	2010 年增加值率	2005~2010 年增加值率年均变化	2010 年最终产品占总产品比例	2005~2010 年最终产品占比年均变化	2017 年增加值率	2017 最终产品占总产品比例
通用、专用设备制造业	MGS	21.15	-2.47	50.36	-6.25	17.76	32.07
交通运输设备制造业	MTE	19.10	-2.27	56.03	1.76	16.27	63.29
电气、机械及器材制造业	MEE	15.91	-5.24	50.20	0.38	10.92	51.54
通信设备、计算机及其他电子设备制造业	MCE	15.38	-0.37	60.21	-4.25	14.99	44.42
仪器仪表及文化、办公用机械制造业	MMI	20.96	-0.58	78.67	-12.27	20.13	31.46
工艺品及其他制造业（含废品废料）	MAO	44.38	-0.15	43.51	0.66	43.91	45.56
电力、热力的生产和供应业	PDE	25.06	-4.12	6.51	-2.41	18.66	5.49
燃气的生产和供应业	PDG	21.18	-3.86	44.47	-1.64	16.08	39.60
水的生产和供应业	PDW	44.20	-0.29	51.94	22.21	43.31	51.94
建筑业	CON	26.05	0.53	96.24	-0.71	27.03	91.57
交通运输、仓储和邮政业	TSP	39.44	-1.78	17.25	-13.65	34.78	6.17
批发、零售和住宿、餐饮业	WHC	59.70	0.57	41.45	-3.47	62.15	32.38
其他行业	OTH	57.53	2.76	61.36	-0.21	69.62	60.46

按照上文所述流程，假定 2010~2007 年各产业部门增加值平稳增长，2017 年进口结构与 2010 年持平。首先，计算中所有不同年份的与价格有关数据全部按 2010 年价格进行调整（即本章预测的 2017 年各部门增加值和总产值均为 2010 年固

定价），对各产业部门计算 2005～2010 年增加值年均增长率。其次，由于增加值预测对结果影响较大，本章设置中间年份 2013 年为数据检测点，利用 2005～2010 年增加值年均增长率预测 2013 年产业部门大类（包括第一产业、工业、建筑业、服务业）增加值合计数，将其与 2013 年产业部门大类增加值实际数进行对比，将两者之间的比例取年均变化修正系数（几何均值），将 2005～2010 年各产业部门增加值年均增长率使用修正系数修正后，预测 2017 年各部门增加值。最后，利用表 5-1 数据预测各产业部门总产品和最终产品估计值和进口产品量，预测结果如表 5-2 所示。

表 5-2　中国产业部门最终产品、总产品、进口品量预测
（2010 年价格）

单位：万元，%

产业部门缩写	2010 年增加值	2005～2010 年增加值年均变化率	按大类修正后的增加值年均变化率	2017 年增加值估计值	2017 年总产品估计值	2017 年进口量估计值
AFA	405336000.00	3.92	4.27	543034847.36	928810978.81	153430244.39
MWC	92644207.71	19.28	14.67	241520732.60	494255760.27	11957248.14
EPN	69531518.64	7.93	3.76	90025958.46	186755641.52	6190649.18
MPM	39533098.72	24.57	19.75	139631567.04	392999116.98	1940255.27
MNO	18206384.28	17.05	12.53	41597926.15	106308985.24	3644935.54
MFT	142128809.45	10.31	6.05	214389163.70	1491909938.98	521509833.90
MOT	67193676.21	11.14	6.85	106829570.84	529269287.67	114315638.56
MTW	46332477.86	4.86	0.81	49013710.88	369613723.76	155365398.87
PTF	28915744.01	11.64	7.33	47442737.37	322543370.57	97414924.15

续表

产业部门缩写	2010 年增加值	2005～2010 年增加值年均变化率	按大类修正后的增加值年均变化率	2017 年增加值估计值	2017 年总产品估计值	2017 年进口量估计值
MPA	42801796.37	5.97	1.87	48744250.27	304570412.49	28273073.10
PPN	59822379.97	16.46	11.96	131897382.93	615163845.10	13953896.17
CHI	180550224.33	11.36	7.06	291089362.90	1776487314.49	314342142.78
MNM	87933881.24	11.45	7.15	142556242.73	860042469.01	30779192.32
SPM	146201660.28	13.57	9.18	270397112.25	1854748150.49	99470786.71
MMP	45793508.04	10.48	6.21	69815796.77	470151255.64	53580248.80
MGS	140146116.45	14.29	9.88	270949271.57	1526015087.52	489327597.39
MTE	112142924.02	19.86	15.23	302472564.78	1859121510.07	1176612035.33
MEE	73012851.99	12.19	7.86	123971174.97	1135654046.42	585319823.82
MCE	86979047.30	10.47	6.20	132519459.20	884279673.78	392811149.74
MMI	14962864.57	9.00	4.79	20758080.20	103132572.62	32441680.25
MAO	60602813.95	17.92	13.36	145797716.97	332054528.21	151270675.60
PDE	109617642.14	7.83	3.66	141026524.26	755621602.25	41487901.86
PDG	4747006.30	16.27	11.78	10348828.86	64347003.86	25481958.45
PDW	7695084.32	8.22	4.04	10151748.81	23440283.40	12175929.40
CON	266609795.56	15.48	9.50	503235830.62	1861487706.53	1704528817.32
TSP	194321885.00	6.36	3.16	241677797.11	694832566.02	42902107.75
WHC	386233884.72	10.58	7.26	630813660.29	1015056831.36	328677281.84
OTH	1106492469.80	13.35	9.95	2149470229.07	3087359144.35	1866534927.37

上述即完成了式 5－2 进行非线性优化的边界条件设置，在 EXCEL 中可进一步利用规划优化法求解 2017 年直接消耗系数矩阵和 R、S 两个乘数矩阵。首先，将各个部门 2010 年投入产出表的中间投入和中间使用部分（经过本书第 4 章部门归并后）作为原始投入产出表的第一象限（见图5－1）。

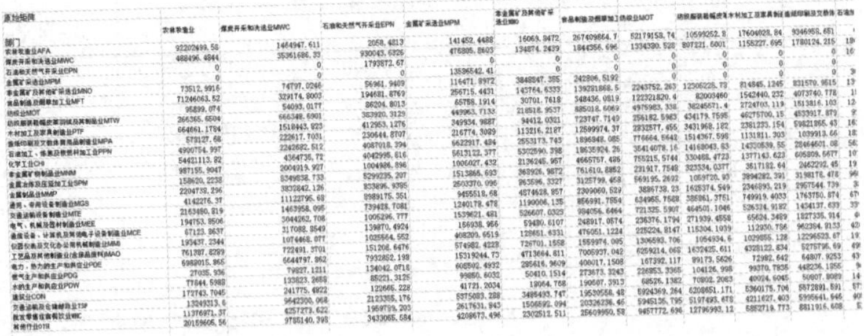

图 5 - 1　EXCEL 中 RAS 规划求解过程（1）

　　然后，绘制规划求解的表结构（见图 5 - 2）。制作和图 5 - 1 中区域相等的矩阵，在矩阵的上方增加一行，数值为制造乘数矩阵的对角线元素值，初始置 1；在矩阵的左方增加一列，数值为替代乘数矩阵的对角线元素值，初始置 1。框线区域内，采用 $A_p = RA_tS$ 的形式，书写中央矩阵的所有元素方程，由于 R、S 矩阵对角线元素初始为 1，中央矩阵的初始值在数值上与原始投入产出表的第一象限相同。在投入产出表第三象限填入前文预测的各部门增加值、总产品量（图 5 - 2 框线区域下方），在投入产出表的第二象限填入前文预测的各部门最终产品、总产品和进口量（由于表格过长，在图 5 - 2 中无法体现这几列）。在表格下放选择空格作为最小化目标存储的位置，本章包括了纵行最小化和横行最小化，分别对应式 5 - 2 的左半部分和右半部分方程，表中最小化综合目标即为两个最小化目标的合计最小化。此外，图 5 - 2 中表格还设置了一行和一列（右侧不可见）为验算行列，横行公式为（中间投入 + 增加值）/ 总产出，纵列公式为（中间产品 + 最终产品 - 进口）/ 总产出，在尚未优化时，由于边界条件按 2017 年预测值设置，中央矩阵按 2010 年实际值设置，这两个验算使用的方程结果都远离于 1，而在规划求解后，若迭代目标较好，这两个验算的行列数值应当都接近于 1。

	S矩阵：制造效应	1	1	1	1	1	1	
R矩阵：替代效应	部门	农林牧渔业	煤炭开采和洗选业MWC	石油和天然气开采业EPN	金属矿采选业MPM	非金属矿及其他矿采选业NMO	食品制造及烟草加工	纺织业MOT
1	农林牧渔业AFA	92202499.58	1464947.611	2058.4813	141452.4488	16069.8472	267409864.7	5217915
1	煤炭开采和洗选业MWC	488496.4844	35361686.33	930043.6326	476805.8603	134874.2439	1844356.696	1334380
1	石油和天然气开采业EPN	0	0	1793872.67	0	0	0	
1	金属矿采选业MPM	0	0	0	13586542.41	0	0	
1	非金属矿及其他矿采选业MNO	73512.9916	74797.0246	56961.9409	116471.8972	3848847.355	242806.5192	
1	食品制造及烟草加工业MFT	71246063.52	329174.8003	194681.8769	256715.4431	143764.6333	139281868.5	2243752
1	纺织业MOT	95899.074	54093.0177	86204.8013	65758.1914	30701.7618	348436.0819	1223218
1	纺织服装鞋帽皮革羽绒及其制品业MTW	266365.6504	666348.6901	383920.3129	449963.7133	218518.9537	885018.6069	4975983
1	木材加工及家具制造业PTF	664661.1784	1518443.823	412953.1276	349934.9887	94412.0321	723747.7149	256182.
1	造纸印刷及文教体育用品制造业MPA	578127.68	222617.7031	230644.8707	216774.3089	113216.2187	12599974.37	2832577
1	石油加工、炼焦及核燃料加工业PPN	4900754.997	2242682.512	4087018.394	6622917.484	2553173.743	1896848.085	776664.
1	化学工业CHI	64421113.82	4364735.72	4042995.816	5613122.377	5302590.398	18635924.26	3541407
1	非金属矿物制品业MNM	987155.9047	2004919.927	1004986.896	1006027.432	2136245.957	4665757.486	755215.
1	金属冶炼及压延加工业SPM	158620.2238	8349838.733	5299235.207	1513865.693	368926.9872	761610.8852	231917.
1	金属制品业MMP	2204738.296	3832842.126	833896.9385	2503370.096	863596.3327	3125799.458	569195.
1	通用、专用设备制造业MGS	4142276.37	11122795.68	8989175.351	9455518.68	4874628.857	2309060.529	388673
1	交通运输设备制造业MTE	2163480.819	1463958.095	739428.7081	1240178.478	1190006.135	856991.7554	634955.
1	电气、机械及器材制造业MEE	194753.8506	3044262.708	1005296.777	1539621.481	526607.0323	984056.6464	721325.
1	通信设备、计算机及其他电子设备制造业MCE	67123.8637	317088.8549	139870.4924	156938.956	59480.6107	248917.0574	236376.
1	仪器仪表及文化办公用机械制造业MMI	193437.2344	1074468.077	1025564.552	408209.6519	128651.6331	476051.1224	225224.
1	工艺品及其他制造业(含废品废料)MAO	761387.8289	722491.3701	151208.6476	574982.4228	726701.1558	1559974.005	1306593
1	电力、热力的生产和供应业PDE	6988015.865	6644797.862	7932852.198	15319244.73	4713664.811	7005937.042	6259214
1	燃气生产和供应业PDG	27035.936	79827.1211	134042.0718	608502.4932	285616.9609	400017.1508	167392
1	水的生产和供应业PDW	77844.5988	133823.2658	85221.3125	99850.6032	50410.1514	273673.3243	226853.
1	建筑业CON	172743.7045	241775.4822	122665.228	41721.2034	18064.768	190607.3913	68526.
1	交通运输及仓储邮政业TSP	13249313.6	9642300.068	2123355.176	5375083.288	3485493.747	19530558.48	5924369
1	批发零售住宿餐饮业WHC	11376971.37	4257273.622	1959789.203	2617631.843	1506592.094	20326236.46	5945135
1	其他行业OTH	20159605.56	9785140.398	3433055.584	4208673.496	2302512.511	25609950.58	9457772
	增加值	543034847.4	241520732.6	90025958.46	139631567	41597926.15	214389163.7	1068295
	总产品（总投入）	928810978.8	494255760.3	186755641.5	392999117	106308985.2	1491909939	5292692
	（中间投入+增加值）/总产出（验算使用）	0.894581208	0.709223628	0.734794181	0.545032896	0.727043861	0.500421097	0.69110
	最小化目标纵行		最小化目标横行的前半部分		最小化目标横行后半部分			
	最小化目标综合							

图 5－2　Excel 中 RAS 规划求解过程（2）

按图 5－2 设置完毕后，即可在 Excel 中进行规划求解。在 Excel 主界面选项菜单中点击加载项，点击管理加载项的“转到”命令，在加载宏中选择规划求解加载项。然后在数据工具栏中选择规划求解，可变单元格选择 R、S 矩阵所在的行和列，目标函数按照式 5－2 填入最小化目标后对应的单元格，选择目标函数最小，在求解选项中选择假定非负、二次方程、向前差分和牛顿法后，即可求解。大约迭代 600 余次后，得到求解结果，如图 5－3 所示，优化结果较好，最小化目标接近于 0，同时验算方程结果也接近于 1，预测的投入产出表结构相对合理。

成因阵 替代效应 \ 部门	农林牧渔业AFA 0.981880891	煤炭开采和洗选业MWC 1.619993945	石油和天然气开采业PN 1.442530497	金属矿采选业MPM 2.18914373	非金属矿及其他矿选业MWO 1.308811661	食品制造及烟草加工纺织业MOT 1.80144802	1.2151 MOT
1.020009897 农林牧渔业AFA	92343405.93	2420693.873	3028.839883	315856.0011	21322.12841	491364238.5	647011?
1.498453047 煤炭开采和洗选业MWC	718726.0561	85839958.26	2010349.037	1564080.135	262897.577	4978629.306	24307?
0.743753347 石油和天然气开采业EPN	0	0	1924622.46	0	0	0	0
2.297710828 金属矿采选业MPM	0	0	0	68340569.91	6284188.444	549017.4766	55555?
1.255174452 金属矿及其他矿选业MNO	90599.74925	152090.4008	103136.8524	320036.5037	380891.688	511035808.9	55555?
0.367312282 食品制造及烟草加工业MFT	142480258.7	1086112.933	571986.187	1144619.88	58998.02498	527266.5875	21967?
1.477269578 纺织业MOT	139101.8724	129453.6665	183702.9848	212659.0604	547522.5668	3070949.162	11651?
1.926187189 纺织服装鞋帽皮革羽绒及其制品业MTW	503773.7304	2079282.171	1066754.748	1897362.264	177540.2764	1884794.76	45021?
1.445623252 木材加工及家具制造业PTF	943439.9144	3556044.976	861154.1285	1107431.237	185712.12	286225666.79	4342?
1.26100608 造纸印刷及文教体育用品制造业MPA	715813.2812	454768.3891	419552.1828	598410.5857	4898628.908	5040040.611	13926?
1.474958328 石油加工、炼焦及核燃料加工业PPN	7097437.056	5358718.429	8695836.108	21384710.28	8763708.941	42653837.98	14698?
1.270513518 化学工业CHI	67890917.39	8983731.985	7409923.74	15612204.46	4255987.991	12877965.8	14061?
1.531562481 非金属矿物制品业MNM	1484496.83	4974450.828	2220343.264	4638068.349	671340.8174	1919300.976	39439?
1.398904948 金属冶炼及压延加工业SPM	217874.0833	18922551.04	10693660.84	7553777.247	1548424.549	7761536.14	95376?
1.378366906 金属制品业MMP	2983875.448	8558529.648	1658067.551	38594636.55	11822880.46	7755760.238	88098?
1.864521184 通用、专用设备制造业MGS	7583421.603	33596549.24	24177543.74	3907745.402	2228083.26	2222113.169	11110?
1.43935458 交通运输设备制造业MTE	3057592.829	3413577.999	1535285.349	5427900.841	1103175.841	2854864.505	14121?
1.610436729 电气、机械及器材制造业MEE	307955.8993	7942170.126	2335469.05	645740.2589	145426.204	842809.11	54098?
1.879545432 通信设备、计算机及其他电子设备制造业MCE	123876.402	9654488.703	379231.0906	1493209.416	279635.8826	1432974.634	45750?
1.67094892 仪器仪表及文化办公用机械制造业MMI	317367.2119	2908506.79	2472015.439	2037441.546	1530123.852	4548784.993	25710?
1.618662528 工艺品及其他制造业(含废品废料)MAO	1210099.415	1894533.844	33067.665	38371800.83	7015742.954	14440709	87063?
1.144196331 电力、热力的生产和供应业PDE	7850787.842	12316738.36	13093474.81	2560765.863	714219.4094	1385267.294	39118?
1.922353413 燃气生产和供应业PDG	51030.92622	248597.6915	371705.8262	223956.2989	505117.6164	505117.6164	28255?
1.024562161 水的生产和供应业PDW	574614.8833	222117.7818	125953.8753	13488576.47	67184.75465	1163261.371	28221?
3.387784945 建筑业CON		1326910.049	599462.8961	309418.9705	79609.08705	40331376.18	82558?
1.146322043 交通运输仓储和邮政业TSP	14912787.56	17906086.47	3511189.688	8002285.822	5197390.797	51134018.75	100923?
1.396468737 批发零售住宿餐饮业SP	15599715.96	9631106.22	3947894.894	11845758.69	2736789.046	59316271.67	14782?
1.285711031 其他行业OTH	25449790.32	20380921.79	6367210.51	3850878.267		214389163.7	106829
增加值	5430304847.4	2415207732.6	90025958.46	139631567	106308985.2	2143899163.7	106829
总产出(总投入)(验算使用)	928810978.8	4942557603	18675565641.5	392999117		1491909939	529269
(中国投入产出表行的前半部分)	1.0096336989	1.005128244	1.001937723	1.004077597	1.001102868	1.015479156	1.005
最小化目标纵行	0.0096336989	0.003783731	0.001300805		0.002482984		
最小化目标综合	0.00756752						

报告1：收敛于当前解。满足所有约束
报告2：收敛于当前解。满足所有约束

图 5-3 Excel 中 RAS 规划求解过程 (3)

（二）直接消耗矩阵和完全需求矩阵的预测

利用图 5 – 3 数据，令 2017 年直接消耗矩阵为 A_p，采用 $A_p = RA_tS$ 方程计算，可得出 2017 年投入产出表预计的直接消耗系数矩阵值。利用本书第四章式 4 – 6 将 $1 - IM_j / (X_j + IM_j)$ 的值做成对角矩阵 U，则可得到 2017 年完全需求（修正）矩阵 $[I - UA_p]^{-1}$。用于计算 2017 年直接消耗系数矩阵的替代效应乘数 R_i 和制造效应乘数 S_j 如表 5 – 3 所示，2017 年预测完全需求矩阵如表 5 – 4 所示。

表 5 – 3　RAS 法估计的各部门替代和制造效应乘数

部门缩写	R_i	S_j	部门缩写	R_i	S_j	部门缩写	R_i	S_j
AFA	1.0200	0.9819	PPN	1.4750	2.1170	MAO	1.6187	1.7865
MWC	1.4985	1.6200	CHI	1.2705	1.5383	PDE	1.1442	1.4342
EPN	0.7438	1.4425	MNM	1.5316	1.6474	PDG	1.9224	2.9044
MPM	2.2977	2.1891	SPM	1.3989	1.4754	PDW	1.0246	1.0817
MNO	1.2552	1.3008	MMP	1.3784	1.4305	CON	3.3878	1.2637
MFT	2.0367	1.8014	MGS	1.8645	1.5823	TSP	1.1463	1.0965
MOT	1.4773	1.2157	MTE	1.4394	2.2763	WHC	1.3965	1.0029
MTW	1.9262	1.0753	MEE	1.6104	1.7922	OTH	1.2857	0.8934
PTF	1.4456	1.6819	MCE	1.8795	0.9470			
MPA	1.2610	1.1699	MMI	1.6709	0.9169			

表 5 - 4　经 RAS 法预测的完全需求（扣除进口影响后修正的）系数矩阵值（2017 年）

缩写	AFA	MWC	EPN	MPM	MNO	MFT	MOT	MTW	PTF	MPA	PPN	CHI	MNM	SPM	MMP	MGS	MTE	MEE	MCE	MMI	MAO	PDE	PDG	PDW	CON	TSP	WHC	OTH
AFA	1.213	0.029	0.025	0.028	0.033	0.585	0.281	0.236	0.219	0.126	0.026	0.103	0.048	0.031	0.043	0.039	0.046	0.045	0.035	0.036	0.130	0.030	0.034	0.027	0.046	0.056	0.129	0.029
MWC	0.023	1.232	0.073	0.079	0.071	0.038	0.050	0.048	0.073	0.070	0.160	0.098	0.190	0.115	0.095	0.070	0.058	0.072	0.040	0.046	0.044	0.384	0.138	0.104	0.085	0.060	0.019	0.021
EPN	0.011	0.014	1.031	0.031	0.031	0.015	0.018	0.019	0.024	0.023	0.289	0.056	0.038	0.032	0.027	0.023	0.021	0.025	0.015	0.017	0.015	0.029	0.252	0.018	0.028	0.069	0.009	0.010
MPM	0.007	0.029	0.036	1.144	0.026	0.011	0.013	0.014	0.031	0.026	0.019	0.030	0.038	0.283	0.137	0.098	0.072	0.108	0.031	0.038	0.033	0.028	0.022	0.017	0.059	0.020	0.006	0.009
MNO	0.004	0.004	0.005	0.005	1.067	0.005	0.007	0.006	0.008	0.008	0.004	0.029	0.079	0.008	0.011	0.007	0.007	0.010	0.007	0.009	0.008	0.004	0.004	0.004	0.032	0.004	0.002	0.003
MFT	0.290	0.035	0.039	0.041	0.049	1.659	0.130	0.238	0.119	0.093	0.047	0.121	0.067	0.047	0.062	0.059	0.068	0.068	0.057	0.055	0.083	0.048	0.055	0.042	0.063	0.067	0.273	0.044
MOT	0.009	0.014	0.017	0.017	0.020	0.017	1.717	0.752	0.078	0.093	0.011	0.043	0.030	0.020	0.027	0.025	0.037	0.028	0.017	0.022	0.141	0.019	0.030	0.019	0.025	0.023	0.017	0.020
MTW	0.006	0.014	0.016	0.016	0.017	0.013	0.055	1.292	0.064	0.035	0.010	0.019	0.020	0.016	0.021	0.017	0.038	0.018	0.014	0.016	0.031	0.020	0.041	0.020	0.021	0.024	0.016	0.016
PTF	0.006	0.019	0.014	0.012	0.011	0.011	0.010	0.013	1.523	0.063	0.009	0.014	0.027	0.011	0.039	0.017	0.032	0.017	0.012	0.014	0.042	0.013	0.012	0.011	0.040	0.011	0.007	0.012
MPA	0.016	0.012	0.015	0.015	0.018	0.054	0.036	0.049	0.052	1.404	0.012	0.045	0.054	0.015	0.030	0.024	0.025	0.036	0.029	0.031	0.031	0.019	0.018	0.019	0.027	0.020	0.022	0.037
PPN	0.039	0.052	0.092	0.111	0.108	0.052	0.059	0.065	0.082	0.075	1.144	0.169	0.133	0.115	0.093	0.082	0.072	0.086	0.050	0.058	0.050	0.095	0.087	0.058	0.100	0.266	0.031	0.036
CHI	0.160	0.081	0.116	0.123	0.193	0.173	0.329	0.286	0.306	0.371	0.098	1.683	0.228	0.100	0.151	0.148	0.197	0.227	0.190	0.208	0.169	0.089	0.089	0.131	0.156	0.101	0.064	0.101
MNM	0.013	0.030	0.034	0.029	0.072	0.030	0.021	0.022	0.042	0.030	0.026	0.040	1.312	0.056	0.053	0.044	0.044	0.071	0.057	0.076	0.039	0.029	0.025	0.021	0.339	0.025	0.012	0.017

续表

缩写	AFA	MWC	EPN	MPM	MNO	MFT	MOT	MTW	PTF	MPA	PPN	CHI	MNM	SPM	MMP	MGS	MTE	MEE	MCE	MMI	MAO	PDE	PDG	PDW	CON	TSP	WHC	OTH
SPM	0.029	0.138	0.172	0.120	0.118	0.047	0.057	0.059	0.142	0.118	0.090	0.103	0.164	1.422	0.619	0.461	0.347	0.525	0.146	0.172	0.155	0.131	0.103	0.079	0.283	0.092	0.028	0.041
MMP	0.014	0.041	0.034	0.048	0.044	0.025	0.022	0.026	0.071	0.054	0.026	0.040	0.073	0.041	1.189	0.089	0.062	0.095	0.058	0.075	0.052	0.042	0.039	0.053	0.074	0.028	0.010	0.017
MGS	0.034	0.134	0.201	0.180	0.195	0.048	0.076	0.071	0.103	0.095	0.115	0.106	0.147	0.145	0.186	1.420	0.268	0.187	0.075	0.106	0.052	0.108	0.108	0.070	0.136	0.108	0.026	0.036
MTE	0.016	0.029	0.030	0.037	0.054	0.023	0.023	0.025	0.037	0.042	0.024	0.032	0.042	0.033	0.044	0.051	1.484	0.034	0.025	0.029	0.026	0.046	0.069	0.040	0.038	0.129	0.021	0.023
MEE	0.012	0.045	0.049	0.055	0.049	0.020	0.026	0.026	0.037	0.043	0.030	0.038	0.047	0.041	0.055	0.119	0.109	1.232	0.078	0.098	0.025	0.145	0.036	0.050	0.080	0.033	0.019	0.030
MCE	0.007	0.020	0.025	0.023	0.023	0.013	0.016	0.018	0.019	0.044	0.016	0.021	0.023	0.019	0.025	0.074	0.062	0.150	1.754	0.415	0.015	0.038	0.022	0.022	0.028	0.024	0.013	0.037
MMI	0.003	0.008	0.014	0.009	0.008	0.005	0.005	0.005	0.007	0.012	0.008	0.011	0.009	0.008	0.009	0.012	0.017	0.014	0.034	1.097	0.005	0.023	0.014	0.012	0.008	0.007	0.003	0.006
MAO	0.007	0.015	0.016	0.018	0.028	0.015	0.018	0.021	0.028	0.105	0.011	0.026	0.044	0.056	0.046	0.049	0.030	0.047	0.021	0.028	1.093	0.016	0.012	0.011	0.029	0.012	0.006	0.009
PDE	0.042	0.082	0.152	0.208	0.158	0.065	0.091	0.078	0.124	0.114	0.096	0.150	0.175	0.155	0.180	0.115	0.096	0.112	0.070	0.074	0.065	1.538	0.104	0.363	0.102	0.066	0.039	0.036
PDG	0.002	0.003	0.005	0.011	0.011	0.004	0.004	0.004	0.005	0.005	0.006	0.010	0.007	0.007	0.007	0.006	0.005	0.006	0.004	0.004	0.004	0.005	1.123	0.008	0.005	0.005	0.003	0.002
PDW	0.001	0.001	0.001	0.001	0.002	0.001	0.002	0.002	0.002	0.004	0.001	0.002	0.002	0.002	0.002	0.001	0.002	0.002	0.001	0.001	0.001	0.002	0.001	1.018	0.001	0.001	0.001	0.001
CON	0.004	0.007	0.007	0.005	0.006	0.006	0.006	0.007	0.007	0.007	0.007	0.008	0.008	0.006	0.006	0.007	0.007	0.007	0.006	0.005	0.004	0.008	0.009	0.009	1.032	0.021	0.009	0.021
TSP	0.044	0.070	0.052	0.073	0.091	0.080	0.065	0.079	0.097	0.082	0.058	0.086	0.104	0.065	0.076	0.077	0.072	0.079	0.055	0.061	0.051	0.062	0.073	0.042	0.134	1.118	0.062	0.041
WHC	0.047	0.052	0.057	0.059	0.069	0.093	0.073	0.085	0.097	0.095	0.055	0.086	0.094	0.065	0.094	0.092	0.104	0.098	0.088	0.083	0.058	0.062	0.074	0.053	0.092	0.076	1.051	0.060
OTH	0.079	0.103	0.101	0.107	0.119	0.137	0.124	0.163	0.155	0.155	0.089	0.161	0.159	0.114	0.133	0.138	0.149	0.161	0.153	0.130	0.092	0.195	0.150	0.228	0.143	0.182	0.134	1.133

三　中国工业部门碳转移预测结果讨论

（一）完全碳排放强度双情景预测

为了揭示中国工业部门未来碳转移变化的规律，以便制定出既从工业部门排放现状基数出发又契合未来工业部门排放压力的减排定额（成本分担）方案，同时对工业碳排放达峰情况作出预判，需要在不同情景下对中国工业部门未来碳排放及转移情况进行分析。本节设定了两套不同情景：一是无控制情景，假定部门碳排放不受控制，预测年（2017 年）直接碳排放强度较基年（2010 年）无变化；二是按相关规划减排情景，假定工信部、国家发改委、科技部和财政部联合印发的《工业领域应对气候变化行动方案》（下文简称《行动方案》）得到有效贯彻落实，主要的能耗部门直接碳排放强度达到《行动方案》设定目标。对不同情景下中国工业部门完全碳排放总量和部门间碳转移变动进行预测分析。

1. 对无控制情景的简单分析

假定各产业部门碳排放强度不变，按照 $TCI^* = DCI \times [I - UA_p]^{-1}$ 测算 2017 年完全碳排放强度值，如表 5 – 5所示。

表 5 - 5 2017 年中国产业部门完全碳排放强度、排放量预估值
（无控制情景）

部门缩写	TCI_j^* （tCO_2e/万元）	较 2010 年累计变化率（%）	TCE_j^* （万 tCO_2e）	部门缩写	TCI_j^* （tCO_2e/万元）	TCI_j^* 较 2010 年累计变化率（%）	TCE_j^* （万 tCO_2e）
AFA	0.7348	1.48	11273.91	MMP	2.8564	-3.67	15304.73
MWC	1.8840	-8.94	2252.79	MGS	2.0918	-2.92	102358.87
EPN	2.1235	11.73	1314.61	MTE	1.7406	1.41	204805.77
MPM	2.2924	-17.77	444.79	MEE	2.1806	-0.25	127632.57
MNO	2.0840	-15.17	759.60	MCE	1.1174	-12.37	43892.53
MFT	1.0971	13.91	57212.28	MMI	1.2520	-9.41	4061.81
MOT	1.3748	0.11	15716.09	MAO	1.1117	-1.70	16816.42
MTW	1.2230	5.99	19001.53	PDE	12.7381	-1.27	52847.52
PTF	1.7785	5.10	17325.49	PDG	1.5796	14.48	4025.20
MPA	1.8486	2.73	5226.46	PDW	3.2919	-7.61	4008.24
PPN	1.8895	8.15	2636.63	CON	2.0898	-0.30	356207.52
CHI	2.4577	2.40	77256.46	TSP	2.1569	4.15	9253.38
MNM	3.6904	1.27	11358.84	WHC	0.6498	-8.50	21358.63
SPM	3.8593	-6.55	38388.94	OTH	0.5991	-23.35	111826.07

若各产业部门直接碳排放强度不发生变化，由于部门中间关联变动，2017 年，所有 28 个产业部门中有 13 个部门的完全碳排放强度上升，其中 23 个工业部门中有 11 个部门的完全碳排放强度提高，工业部门的平均完全碳排放强度下降 0.88%，整体平稳，但总产品的大幅增加导致工业部门完全碳排放量有大幅提升，达到 $82.46 \times 10^8 tCO_2e$，较 2010 年提高 89.08%。若不对供给端实施碳减排，在假定中间需求、中间产品供给结构稳定变化及部门经济总量平稳增长的前提下，在

未来一段时期内虽然工业部门间碳转移的强度水平变化不大，但部门碳排放总量提升显著，要达到削减碳排放强度和控制碳排放总量的目标，必须从源头上降低部门的直接碳排放强度。

2. 按相关规划减排情景

按照《行动方案》，参考国家"十二五"规划，假定所有产业部门 2015 年直接碳排放强度较 2010 年底累计下降 17%，涉钢铁、有色金属、石化、化工、建材、机械、轻工、纺织和电子信息部门直接碳排放强度累计分别下降 18%、18%、18%、17%、18%、22%、20%、20% 和 18%，同时按此累计下降速度外推至 2017 年末，由此确定 2017 年各产业部门直接碳排放强度，再计算各产业部门 2017 年完全碳排放强度和排放量，结果如表 5 – 6 所示。

表 5 – 6　2017 年中国产业部门完全碳排放强度、排放量预估值
（规划减排情景）

部门缩写	DCI_j 较 2010 年累计变化率（%）	DCI_j（tCO_2e/万元）	TCI_j^*（tCO_2e/万元）	TCI_j^* 较 2010 年累计变化率（%）	ICI_j^*（tCO_2e/万元）	ICI_j^* 较 2010 年累计变化率（%）	TCE_j^*（万 tCO_2e）
AFA	– 22.96	0.0906	0.4726	– 34.73	0.3820	– 37.01	7251.43
MWC	– 22.96	0.5367	1.3128	– 36.55	0.7761	– 45.11	1569.73
EPN	– 22.96	0.2232	1.2891	– 32.17	1.0659	– 30.90	798.03
MPM	– 22.96	0.0975	1.4003	– 49.77	1.3028	– 51.10	271.69
MNO	– 22.96	0.1870	1.3254	– 46.05	1.1384	– 49.34	483.08
MFT	– 26.83	0.0462	0.6695	– 30.48	0.6233	– 28.40	34915.65
MOT	– 26.83	0.0773	0.8653	– 36.99	0.7881	– 37.73	9892.10
MTW	– 26.83	0.0172	0.7605	– 34.10	0.7433	– 33.64	11815.00

续表

部门缩写	DCI$_j$较2010年累计变化率（%）	DCI$_j$（tCO$_2$e/万元）	TCI$_j^*$（tCO$_2$e/万元）	TCI$_j^*$较2010年累计变化率（%）	ICI$_j^*$（tCO$_2$e/万元）	ICI$_j^*$较2010年累计变化率（%）	TCE$_j^*$（万 tCO$_2$e）
PTF	−22.96	0.0392	1.0897	−35.61	1.0505	−35.38	10615.61
MPA	−26.83	0.1272	1.1231	−37.58	0.9959	−36.80	3175.43
PPN	−24.26	0.4382	1.2863	−26.38	0.8481	−30.01	1794.91
CHI	−22.96	0.2824	1.5346	−36.06	1.2522	−36.34	48240.20
MNM	−22.96	0.6889	2.2237	−38.98	1.5348	−37.61	6844.46
SPM	−24.26	0.9748	2.3765	−42.45	1.4018	−45.18	23639.68
MMP	−24.26	0.0311	1.7389	−41.35	1.7078	−41.38	9317.28
MGS	−29.38	0.0456	1.2819	−40.51	1.2363	−40.50	62726.63
MTE	−29.38	0.0261	1.0700	−37.66	1.0439	−37.61	125892.59
MEE	−29.38	0.0099	1.3392	−38.74	1.3293	−38.62	78384.24
MCE	−24.26	0.0093	0.6896	−45.92	0.6802	−46.12	27086.61
MMI	−26.83	0.0142	0.7721	−44.14	0.7578	−44.35	2504.72
MAO	−22.96	0.0370	0.6942	−38.61	0.6573	−39.28	10501.73
PDE	−22.96	4.4875	7.4119	−42.55	2.9244	−42.46	30750.26
PDG	−22.96	0.0937	0.9725	−29.52	0.8789	−27.95	2478.22
PDW	−22.96	0.0357	1.9457	−45.40	1.9100	−45.68	2369.03
CON	−22.96	0.0334	1.2904	−38.44	1.2571	−38.81	219958.73
TSP	−22.96	0.7011	1.4241	−31.23	0.7231	−30.40	6109.87
WHC	−22.96	0.0778	0.4195	−40.94	0.3416	−44.28	13786.40
OTH	−22.96	0.0624	0.3931	−49.71	0.3307	−53.73	73370.84

　　若各产业部门直接碳排放强度下降幅度实现《行动方案》的相应目标，则由于直接碳排放强度按总产品定义，完全碳排放强度按最终产品定义，完全碳排放强度的下降幅度还要大于直接碳排放的下降幅度。所有 28 个产业部门的直接、完全、引致碳排放强度均有不同程度的下降。其中，23 个工业部门

的直接碳排放强度下降率为 22% ~ 30%，绝大部分工业部门的完全碳排放强度累计下降率超过了 30%，最高的部门接近 50%；而工业部门的引致碳排放强度的变化率波动高于完全碳排放强度，为 27% ~ 52%。23 个工业部门的完全碳排放量总计 43.61 × 10^{8}tCO$_2$e，较 2010 年提高 16.04%；相对于无控制情景，完全碳排放总量的提升率下降了 73.04 个百分点，说明落实《行动方案》对控制工业碳排放总量有极为积极的效果，但同时也说明，到 2017 年我国工业部门的碳减排依然只能实现强度减排目标，总量减排目标仍需要通过"时间换空间"的方式来实现，而且下降率的迅速提升暗示我国工业部门碳排放总量在 2030 年之前达峰较为可期。

（二）未来工业部门碳转移特征变化分析

若中国各工业部门均达到《行动方案》要求的直接碳排放强度每 5 年下降 17% ~ 22% 的目标值，则至 2017 年，所有工业部门的完全碳排放强度都会有明显下降，23 个工业部门的平均完全碳排放强度较 2010 年下降 38.59%。

（1）《行动方案》中对直接碳强度减排要求较高的部门（直接碳排放强度下降超过 25% 的 8 个工业部门）与预测的完全碳排放强度削减较高的部门（完全碳排放强度下降超过 40% 的 9 个工业部门）重合率很低，仅仪器仪表及文化、办公用机械制造业在这两个指标上的降幅都处于前列。针对这一情况，若以碳配额的方式划分碳减排成本（第六章详述），考虑到减排努力的关系，对于未来由于部门间技术经济结构变化，完全碳排放强度下降率与直接碳排放强度下降率比值高于平均水平的部门，可以视为其直接碳排放减排中，引发其他部门碳排放的效果减弱得更快（整体成本更低），可以考虑对该部门的碳排放配额进行部分奖励的上调操作；反之，建议对部门的碳排放配额进行下调操作。

（2）按中短期预测结果推测，未来完全碳排放强度较高的部门相对稳定，但未来完全碳排放下降幅度较高的部门与目前绝对值较高的部门差异较大。预测显示，2017 年 23 个工业部门中完全碳排放强度居于前 10 位的部门，有 9 个部门在 2010 年该项指标居于前 10 位（不计算具体位次）。2010 年完全碳排放强度位居前 10 的部门中仅通用、专业设备制造业在 2017 年退出前 10 位，取而代之的是煤炭开采和洗选业；同时，进入前 10 位部门的阈值由 $TCI_j^* > 2.15$ 下降至 $TCI_j^* > 1.31$。2010 ~ 2017 年，23 个工业部门中完全碳排放强度累计下降率超过工业部门平均水平的有 12 个部门。完全碳排放强度降幅最大的 4 个部门是金属矿采选业，非金属矿及其他矿采选业，通信设备、计算机及其他电子设备制造业，水的生产和供应业。它们的完全碳排放强度较之 2010 年下降超过 45%，从需求端分析，这几个部门将是未来碳强度削减的重要贡献部门。2010 年完全碳排放强度最高的电力生产业，2017 年完全碳排放强度将下降 42.55%，超过平均降幅；石油加工、炼焦及核燃料加工业与燃气的生产和供应业两个部门的完全碳排放强度下降率较小，低于30%，可能需要在技术改造和清洁能源使用方面给予更多的政策干预。因此，从需求端考虑引导工业部门碳减排，有必要对完全碳排放累计下降较慢的部门在碳排放配额上给予更强的约束，这与前文的建议一致。

（3）按中短期预测结果推测，未来完全碳排放量较高的部门会有所变化，一般来说，部门碳排放配额分配都以直接碳排放量作为配额分配的基数，若从部门产品最终需求出发考虑完全碳排放量对配额的影响，则可以从引致碳排放与直接碳排放的比例关系出发（由于第四章已假定部门生产中中间产品和最终产品的的碳排放强度无差异，DCI_j、ICI_j^*、TCI_j^* 均面向单一产品，均有可比性，DCE_j 面向总产品测算，ICE_j^*、TCE_j^* 面向最终产品测算，总量上无可比性，这一比例关系通过强度关系表征），对完全碳排放量较大的部门扣减排放份额，即对能大量引发上游部门碳排放但自身直接碳排放量较小的部门采取一定的约束措施，以体现配额分配的公平（第六章详述）。2010年，工业部门中完全碳排放量处于前5名的部门分别为通用、专用设备制造业，交通运输设备制造业，电气机械及器材制造业，通信设备、计算机及其他电子设备制造业，电力、热力的生产和供应业；2017年，工业部门中完全碳排放量处于前5名的部门分别为交通运输设备制造业，电气机械及器材制造业，通用、专用设备制造业，化学工业，食品制造及烟草加工业。可见，完全碳排放量最高的部门将从通用、专用设备制造业转变为交通运输设备制造业，未来交通设备制造引发的碳排放将占到更大份额；同时，在化学工业、食品制造及烟草加工业发展中对其他部门碳排放量的拉动作用也需要关注。

（4）通过分析引致碳排放强度的变化情况，可知未来部门间因中间产品而引发的碳排放转移关系也将发生变动。从引致碳排放强度分析，2010 年工业部门中引致碳排放强度最高的 5 个部门分别是电力、热力的生产和供应业，水的生产和供应业，金属制品业，金属矿采选业，金属冶炼及压延加工业；2017 年工业部门中引致碳排放强度最高的 5 个部门分别是电力、热力的生产和供应业，水的生产和供应业，金属制品业，非金属矿物制品业，金属冶炼及压延加工业；与直接碳排放强度的变化类似，2017 年与 2010 年相比，引致碳排放强度较高的部门变化同样不大，需要关注的是，未来非金属矿物制品业引发其他部门碳排放的效力可能提高。从引致碳排放强度下降幅度分析，2010~2017 年预测显示，非金属矿及其他矿采选业，通信设备、计算机及其他电子设备制造业，水的生产和供应业，金属冶炼及压延加工业，煤炭开采和洗选业 5 个部门的引致碳排放强度降幅最大，超过 45%，说明这 5 个部门未来接受其他部门的碳转移强度将明显减小。

综上，若供给端的碳减排达到预期效果，工业部门间中间产品关联变化造成的碳转移增减变化幅度将远小于直接碳排放强度减少所影响的幅度，未来部门间碳转移强度和总量将有极为明显的下降。若将工业部门未来直接碳排放强度和完全碳排放强度的降低都作为部门减排"努力"程度的考核指标，那么可以更多地考虑需求端对减排的影响，将完全碳排放、引致碳排放都纳入部门碳排放额度分配的考虑因素范畴。同时，即使达到中国政府要求的直接碳排放强度削减比例，2017 年，$\sum_{j} TCE_{j}^{*}$ 较 2010 年仍将提高 16.04%，这意味着至 2017 年中国工业碳排放的峰值仍未达到，中国现阶段暂时会更多地采用碳强度削减的控制目标，未来工业碳排放总量减排需要依靠科学确定配额下更丰富的市场化操作手段来实现。

四 本章小结

本章将"静态"评价发展为"动态"预测，加强了研究结论的指导意义。发挥投入产出表的中长期稳定性，在主要经济指标平稳变化的假设下，通过 RAS 法实现了对未来工业部门碳排放变化的预测分析，改善了以往研究中以历史和现状分析为主的研究格局。

研究表明，中国工业部门低碳转型具备其内部驱动力，工业部门强度减排的预期目标可达，但未来碳排放总量仍会提升，且若干部门需引起重点关注。未来中国工业部门的技术经济联系强度和完全碳排放强度显示出反向变化的特征，在 RAS 法和部门经济指标平稳变化的假定下，2017 年所有的三次产业 28 个部门的平均增加值率略有下降且中间需求率上升，部门关联性提高应导致完全碳排放强度平均水平提高，但模型计算结果表明工业部门平均的完全碳排放强度下降了 0.88%（直接碳排放强度不变时），这暗示即使按惯性发展，未来中国也会出现高碳部门间关联削弱、低碳部门间关联提升的结构变动趋势，中国工业低碳转型具备其内部动因。而按照相关规划的削减率预测，2017 年中国工业部门的平均完全碳排放强度较 2010 年下降率接近 40%，以此估计，未来中国的碳强度减排目标应不难达到；但同时预测表明碳排放总量继续提升，峰值仍未到来。应注意的是，交通运输设备制造业可能成为未来完全碳排放量最高的部门，而石油加工/炼焦及核燃料加工业、燃气的生产和供应业在完全碳排放强度控制上可能较难达到理想目标，这些部门需要在减排操作中得到进一步干预。此外，对未来工业部门直接碳排放强度、引致碳排放强度和完全碳排放强度的预测，也将为同时基于现状和未来碳排放结构、直接引发和间接引发碳排放等因素，科学分配工业部门碳排放配额提供研究基础。

第六章

纳入部门碳转移的减排成本分担及
双市场衔接机制研究[*]

在充分考虑部分工业部门为其他部门提供中间产品而导致碳排放提升，而与之对应的部分工业部门将最终产品生产所需要的碳排放通过产业链转移至上游部门的情况，如何平衡产业链中不同分工部门的碳减排责任，合理地设计部门碳减排分担方案，使整个工业部门的减排成本趋向"理想的最小化"，既能反映出工业各部门应承担的实际责任，又可被现有的及可预见的未来工业部门生产模式所承受，这是本章拟解决的主要问题。

首先，在设计具体的基于部门碳转移的碳减排机制前，可以对部门碳减排成本的研究作简单探讨。部门碳减排成本问题

---

* 本章主要以笔者发表于《开放导报》2012 年第 10 期独著论文《我国自愿碳市场发展面临的挑战与对策》、《系统工程》2013 年第 7 期独著论文《节能量交易机制配额分配与试点筛选量化分析方法》，以及 2018 年 11 月发表于《中国社会科学报》独著论文《推动"碳排放—用能权"双市场衔接》的相关内容、方法进行修改而得。

在学界是热点问题，也是一个结论颇具争议的问题。目前已见报道的相关研究主要有两种类型。一是通过直接估计和绘制能反映随减排比例提升而边际减排成本不断上升特点的边际减排成本曲线，曲线形式通常包括二次曲线、指数曲线和对数曲线。比如，从边际减排成本递增出发，Nordhaus 提出了边际减排成本曲线的经典对数形式，[①] 李陶等在此基础上采用 Okada 的改进方法估计了我国碳减排成本曲线和各省碳减排成本。[②] 二是通过生产函数、成本函数、距离函数估计 CO_2 的影子价格，不同时间点的影子价格又可作为拟合边际减排成本曲线的基础。比如，陈文颖等利用 MARKAL – MACRO 模型，[③] 从生产函数出发估计了碳减排后各类能源影子价格和碳边际减排成本；秦少俊等利用产出距离函数估算了上海市火电企业 CO_2 减排成本；[④] 陈诗一通过产出损失估计的方式，[⑤] 在参数法和非参数法下利用方向性距离函数（DDF）估计了中国 38 个工业

①　Nordhaus W. D., "The Cost of Slowing Climate Change: A Survey", *Energy Journal*, 1991（1）.

②　李陶、陈林菊、范英等：《基于非线性规划的我国省区碳强度减排配额研究》，《管理评论》2010 年第 6 期；Okada A., "International Negotiations on Climate Change: A Noncooperative Game Analysis of the Kyoto Protocol", in Avenhaus R., Zartman I. W., *Diplomacy Games –formal Models and International Negotiation*, Berlin: Springer Publisher, 2007.

③　陈文颖、高鹏飞、何建坤：《用 MARKAL – MACRO 模型研究碳减排对中国能源系统的影响》，《清华大学学报》（自然科学版）2004 年第 3 期。

④　秦少俊、张文奎、尹海涛：《上海市火电企业二氧化碳减排成本估算——基于产出距离函数方法》，《工程管理学报》2011 年第 6 期。

⑤　陈诗一：《工业二氧化碳的影子价格：参数化和非参数化方法》，《世界经济》2010 年第 8 期。

部门的 CO_2 影子价格。总的来说，近年来利用方向性距离函数基于数据包络分析（DEA）的非参数方法在碳减排成本估计中使用较多，其基本操作方式可归纳为寻找部门投入量（如资本、劳动力、能源）、期望产出量（如部门总产值）和非期望产出量（如碳排放）构建纳入方向性距离函数的数据包络分析模型，比较自由处置（减排无代价）和弱处置（减少非期望产出的同时必须减少期望产出）技术的产出差异，得到部门边际减排成本。

观其结论，一方面，研究都显示能耗较高、碳排放强度较大的部门，如重化工业具有较小的边际减排成本，而能耗较低、碳排放强度较小的部门，如轻工业和高新技术行业，则边际减排成本较大。这一结论与我们的通识相吻合，能源密集型行业由于能源的使用量大和利用效率偏低，节能改造空间也相对较大，碳减排成本较低；而低能耗行业、高新技术行业由于本身技术相对先进、能源消费量有限、单位能耗产出高，进一步节能和压缩碳排放量的成本相对偏高。因此，以往通常采用的让历史或现阶段高能耗行业，如电力生产部门、金属冶炼部门等获得更高碳配额的"祖父式"分配方法也确有其合理性，通过给予减排成本低的部门相对多的配额而限制减排成本高的部门配额，有利于通过配额交易，降低全社会的碳排放成本。同时根据本书前文研究，高能耗部门往往处于产业链上游，其碳排放很大部分用于生产下游部门需要的中间产品，从部门碳转移角度也应给予上游高能耗部门更多的排放配额。故在本章的部门碳配额分配中，以现状数据为基准依然是确定部门碳排放配额的重要参考指标。另一方面，即使采用同一方法、同一时间测算的部门碳减排成本，由于投入—产出指标挑选的差异性，结果也往往大相径庭，[①] 这使估算的部门碳减排成本在绝对数量上的指导意义不大，仅在成本的相对数量上可用于区分部门碳减排的相对难度。由于在不考虑交易成本的背景下，碳交易的最终交易价格必然与减排成本相一致，从而实现全社会碳减排成本的最优化，本章研究的重点之一在于如果设计一套相对合理的配额分配体系，通过碳排放指标交易实现部门碳减排成本分担，使部门分担方案与排放责任之间相匹配，而部门碳减排的绝对成本核算不是本研究的重点。故在本章的部门碳配额分配中，并未再次对部门碳影子价格进行测算，而是直接引用多项相关核算研究成果并做综合处理，再将某部门碳影子价格与所有部门平均影子价格的比例作为确定部门碳排放基准配额的参考指标之一。

其次，需要说明的是，尽管 CO_2 并非污染物，但其与一般的环境污染物相同，都是生产生活行为的负外部性后果，实施碳减排提供的同样也是公共产品，对其实施控制干预政策可以参考一般的污染物减排手段，主要包括命令控制型、

---

① 陈诗一：《工业二氧化碳的影子价格：参数化和非参数化方法》，《世界经济》2010 年第 8 期；程施：《中国工业部门二氧化碳减排成本研究》，大连理工大学论文，2011。

经济市场型和自愿协议型政策等。碳排放失控的根源是市场失灵，缺乏外部性内部化手段，随着"使市场在资源配置中起决定性作用和更好发挥政府作用"观念的深入，有必要进一步深入实施市场化手段解决碳排放问题，同时使政府更好的发挥在规则把控、过程监管、目标考核等方面的作用。

市场化的碳减排政策通常分为庇古规制和科斯规制两类。庇古规制通过政府以税费或补贴的方式使边际私人成本与边际社会成本一致，而科斯规制通过合理安排产权并实施权利交易的方式实现外部性的内部化。仅从全社会成本最小考虑，若政府进行税收或补贴调节的边际交易费用较高，则应采用科斯规制；若安排产权的企业之间交易谈判的边际交易费用较高，则应采用庇古规制。[①] 上述两个边际交易费用很难确定，笔者仅从政策实施层面考虑：一方面，目前我国正处于对企业全面推进减税降费阶段，同时环保费改税已正式完成，2018年1月1日我国第一部生态文明建设方面的单行税法《环境保护税》正式开征，应税污染物包含了大气污染物、水污染物、固体废物和噪声。由于现行环保税的应税物中并无影响气候变化的排放物质，若再设计碳排放税种，既容易在感观上造成增加企业税收负担的影响，同时在环保税实行伊始，实行碳税的单一税

---

① 刘红、唐元虎：《外部性的经济分析与对策——评科斯与庇古思路的效果一致性》，《南开经济研究》2001年第1期。

种并不合适，若纳入环保税又需要修订环境保护税法，同时税率的确定也相对繁琐，在近期很难实施。另一方面，我国碳排放交易市场建设已具备一定基础，2011 年 10 月国家发改委批准在北京、天津、上海、重庆、湖北、广东、深圳 7 个省市开展碳交易试点，并从 2013 年开始试点，经过 4 年多的试点工作，7 个试点市场累计配额成交超过 $2 \times 10^8 \, tCO_2e$，并于 2017 年 12 月 19 日正式启动中国碳排放交易体系，并将以发电行业作为突破口逐步扩大市场覆盖范围。综合上述情况，本研究中选择科斯规制方式，即讨论如何通过碳排放权交易的形式实现工业部门碳减排的成本分担，这既避免了对不同工业部门设计碳税税率合理性的分析，也与我国政策设计方向相吻合，同时本章研究在考虑部门间碳转移的背景下，不仅将给出未来发电行业的整体配额调整建议，还会给出其他工业部门碳排放配额的分配思路和配额建议。

再次，在通过市场交易手段进行碳减排的政策设计中，主要存在碳排放权交易和用能权交易（节能量交易也属这种情况）两类政策手段。由于我国碳排放主要来自能耗碳排放（前文已做了相关测算），碳排放权和用能权存在天然的关联，对部门实施用能权控制的结果自然也同时达到了对部门碳排放控制的效果。笔者认为，从技术操作层面分析，采用用能权交易的可操作性事实上强于碳排放权交易，由于我国 20 世纪 90 年代中期以来一直处于能源供应相对紧缺状态（2015 年，我国一次能源自给率为 82.93%），各级政府对节能减排意识强、投入大，部门能耗历史数据相对齐备，企业能源管理和节能审计方法准备成熟，而部门碳排放目前尚无权威性、连续性统计数据公布，不同核算方法的结果也可能有所出入。但从政策实践层面分析，目前我国碳交易市场经过 7 个市场的数年试点，于 2017 年底开始在全国全面铺开，而与用能权交易相关的节能量交易虽然在 2011 年于烟台市首次开展探索，但至 2015 年仅少数省份，如江苏省和福建省启动了试点工作。2016 年后，用能权交易的提法逐步替代了节能量交易，国家发改委选择在浙江、福建、河南、四川率先开展试点，2018 年 2 月试点项目正式启动。整体上看，目前无论是学界研究、媒体关注还是在政策实践上，用能权交易相对于碳交易来说都热点不足，随着我国碳交易市场的逐步扩大，用能权交易、节能量交易由于与碳交易之间存在目标、配额、控制手段交叉重叠的因素，很可能与国际其他地区实践相同，被并入统一的交易体系，如何在用能权和碳排放权交易同步试点的情况下，最终设计实现双市场的衔接机制也将在本章中进行初步讨论。

综合考虑技术操作和政策实践层面因素，本章将分别对使用用能权交易和碳排放权交易手段，在综合考虑部门间碳转移、碳减排成本因素的权益配额调整方案下，最终通过市场自由交易的方式实现工业部门间的碳减排成本分担机制进行分析，并探讨不同的节能减排配额市场之间的衔接机制。此外，除笔者上述分析外，对碳税、碳交易等管制方式在中国工业部门碳减排中的应用前景展开讨论，[①] 也可翻阅很多学者的相关研究报道。

一　中国用能权/节能量及碳排放交易市场建设进展

（一）中国用能权/节能量交易市场建设进展分析

用能权/节能量交易即以上限和交易为基础，为系统设定能耗限额，并将限额分解到各个参与主体，通过参与主体之间的配额交易，最终实现系统能耗控制目标的市场过程。我国能源安全和环境安全问题一直备受关注，"十三五"规划中再次明确我国未来的能源强度和碳排放强度约束目标，2020 年我国能源强度和碳强度较"十二五"末分别下降 15% 和 18%，而我国以煤为主的能源消费结构也导致未来碳减排压力明显，从 2015 年全国能耗分区（见图 6 - 1）中可以看到，我国处于高经济总量低能耗区的省份仍较为有限，大部分省份仍处于从低经济总量低能耗向高经济总量高能耗线性扩张发展的阶段，国际能源机构（IEA）数据显示，

---

① Lee C. F., Lin S. J., Lewis C., et al., "Effects of Carbon Taxes on Different Industries by Fuzz Goal Programming: A Case Study of the Petrochemical Related Industries, Taiwan", *Energy Policy*, 2007 (8); Cong R. G., Wei Y. M., "Potential Impact of (CET) Carbon Emission Trading on China's Power Sector: A Perspective from Different Allowance Allocation Options", *Energy*, 2010 (9).

2007 年我国已成为化石燃料消费 CO_2 排放的最大排放国，用能权/节能量交易机制将是我国未来能耗总量控制和碳排放控制的可选路径之一。

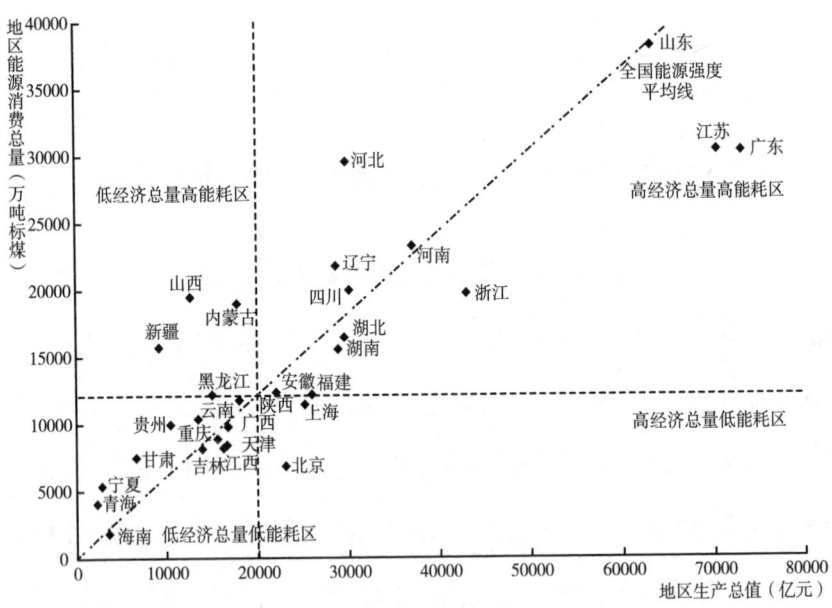

图 6 - 1　中国地区 GDP - 能耗分区（2015 年）

注：西藏地区无能耗数据。

　　就我国用能权有偿使用和交易，以及节能量交易试点的具体操作情况而言，笔者认为事实上两者可以视为同一个制度的不同提法，即对企业实施能耗配额，在市场上交易富余或缺失的能耗指标，富余的指标可视为由企业节能量行为带来，即用能权交易中可以用于交易的额度往往就是节能量交易对应的节能量交易额度。由于节能量交易的白色证书机制在国际上实践较早且国内学界研究较多，而且"节能量交易"这一提法在我国政策文件的出现也早于用能权交易，本节以

"节能量交易"为代表梳理用能权/节能量交易的理论发展和实践经历。

（1）理论研究层面

节能量交易是在科斯规制理论的基础上提出的通过市场运作来协调能源消费和利用的模式，[①] 具体操作中，为区域/行业能耗系统设计能耗上限和配额标准，并将能耗配额分解到各个能耗主体，通过主体间的配额交易，最终达到系统能耗总量控制的目标。节能量交易体现的是一种权利安排，但又与传统科斯理论中提出的明确产权并进行市场化的产权交易有所出入，节能量交易虽然通过配额管理和配额交易展开，操作流程类似，但其额度分配的前提是对经济发展中能源消费水平合理的设定上限，不涉及所有权归属、自然区域属性等敏感问题，对使用权的交易体现为消费额度的交易，这一点更类似于排污权交易，因此节能量交易显得更为灵活和富有操作性，事实上其实践创新往往先行于理论创新。但同时，在能源消费权的交易中还伴随着常规大气污染物和碳排放的转移，因此这种交易显性是资源消费权交易，隐性还可能存在同步的排污权交易（本章后文将对同步实行用能权、排放权等多种交易制度进行初步讨论），使得其在制度设计和实践操作中涉及的层面可能更为复杂。

----

① R. 科斯、A. 阿尔钦、D. 诺斯等：《财产权利与制度变迁》，上海人民出版社，1996。

基于对制度运行实践经验的审视，国外学者对节能量交易的研究热点集中于节能量交易与碳减排目标的相互关系；[①] 节能量交易具体操作流程的优化对策，如责任主体的选择[②]、惩罚机制[③]、补贴机制[④]、交易与税收混合机制[⑤]、资金获取情况[⑥]等；节能目标的可达性分析[⑦]；节能量交易的经济和环境效益评估[⑧]，此类研究事实上期望验证环境波特假说[⑨]在节能量交易制度中的适用性。

[①] Vine E., Hamrin J., "Energy Savings Certificates: A Market-based Tool for Reducing Greenhouse Gas Emissions", *Energy Policy*, 2008 (1).

[②] Bertoldi P., Rezessy S., Lees E., et al., "Energy Supplier Obligations and White Certificate Schemes: Comparative Analysis of Experiences in the European Union", *Energy Policy*, 2010 (3).

[③] Jacoby H. D., Ellerman A. D., "The Safety Valve and Climate Policy", *Energy Policy*, 2004 (4); Bertoldi P., Huld T., "Tradable Certificates for Renewable Electricity and Energy Savings", *Energy Policy*, 2006 (2).

[④] Eyre N., "Energy Saving in Energy Market Reform: The Feed-in Tariffs Option", *Energy Policy*, 2013 (1).

[⑤] Oikonomou V., Jepma C., Becchis F., et al., "White Certificates for Energy Efficiency Improvement with Energy Taxes: A Theoretical Economic Model", *Energy Economics*, 2008 (6).

[⑥] Broc J. S., Osso D., Baudry P., et al., "Consistency of the French White Certificates Evaluation System with the Framework Proposed for the European Energy Services", *Energy Efficiency*, 2011 (3).

[⑦] Mundaca L., "Markets for Energy Efficiency: Exploring the Implications of an EU-wide 'Tradable White Certificate' Scheme", *Energy Economics*, 2008 (6); Giraudet L. G., Bodineau L., Finon D., "The Costs and Benefits of White Certificates Schemes", *Energy Efficiency*, 2012 (2).

[⑧] Porter M. E., "America's Green Strategy", *Scientific American*, 1991 (1).

[⑨] 李蒙、胡兆光：《国外节能新模式及对我国能效市场的启示》，《电力需求侧管理》2006 年第 5 期；秦海岩、张华、李承曦：《欧洲的节能量认证机制》，《节能与环保》2010 年第 6 期；史姣蓉、廖振良：《欧盟可交易白色证书机制的发展及启示》，《环境科学与管理》2011 年第 9 期。

较之国际实践和研究，国内节能量交易无论是在政策设计还是在理论探索方面，都尚属于相对崭新的理念，国内学界对其研究仍处于概念引进和推广阶段，进一步的深入研究有待展开。目前国内学者对节能量交易的相关研究可归纳为以下两大方面。一是对现行国际节能量交易政策经验的梳理，以及其对中国实施节能量交易的借鉴和启示，李蒙和胡兆光、秦海岩等、史娇蓉和廖振良均从基本概念、组织结构、运行规则等方面详细介绍了欧洲的白色认证体系；① 陶小马和杜增华、邱立成和韦颜秋以及唐方方等则分别从欧洲或美国节能量交易实践出发，② 对我国节能制度创新、设计经济市场型调控机制、发展节能服务等方面提出了对策建议。二是节能量交易与我国传统节能政策的比较分析和前景探讨，如黄鑫等通过算例分析证明在信息不对称的情况下，③ 节能量交易机制优于我国常规的命令—控制型政策工具，能有效提升企业的自主节能意愿、降低节能成本。郑婕等从节能交易机制内涵、相关政策工具研

① 李蒙、胡兆光：《国外节能新模式及对我国能效市场的启示》，《电力需求侧管理》2006 年第 5 期；秦海岩、张华、李承曦：《欧洲的节能量认证机制》，《节能与环保》2010 年第 6 期；史娇蓉、廖振良：《欧盟可交易白色证书机制的发展及启示》，《环境科学与管理》2011 年第 9 期。

② 陶小马、杜增华：《欧盟可交易节能证书制度的运行机理及其经验借鉴》，《欧洲研究》2008 年第 5 期；邱立成、韦颜秋：《白色证书制度的发展现状及对我国的启示》，《能源研究与利用》2009 年第 6 期；唐方方、李金兵、姜超等：《中国的节能量交易机制设计》，《节能与环保》2010 年第 12 期。

③ 黄鑫、陶小马、邢建武：《两种节能政策工具的效率比较分析》，《财贸经济》2009 年第 7 期。

究、实践研究、中国发展对策研究四方面对近年来国内外学术界在节能量交易方面的探索进行了评价和展望。[①]

对比国内外研究，我国的节能量交易研究的广度和深度都亟待拓展，存在不少可供改进之处。一是国内节能量交易研究较多关注国际成功案例，对相关经验的本土化移植仍需加强。我国的资源环境管理手段与欧美发达国家和地区区别显著，需要对国际经验进行借鉴和改进。二是对机制操作细节的讨论仍显不足，削弱了理论研究对实践操作的指导作用。学界研究热衷于概念界定、分配效率、主体行为、制度框架等学理性问题，而对总量核算、交易账户和交易量认证、交易工具设计与签发、交易规则、奖惩机制这些具体操作流程的细节关注较少，导致政策建议的针对性和操作性不强。三是偏重于定性和理论研究，借助于模型技术的定量化研究较少，而节能量交易中的试点筛选、配额分配、定价机制、奖惩激励都需要科学完善的量化分析与界定。

此外，随着我国资源环境产权市场的逐步建立和发展，节能量交易与其他的排放权交易市场的重叠和冲突也成为一个现实问题，引起了学者的关注。李远和朱磊从供应—需求曲线出发，[②] 从理论上分析了能效交易市场和碳交易的协同作用、同时

---

① 郑婕、张伟、王加平：《节能量交易机制研究综述》，《科技管理研究》2015 年第 7 期。

② 李远、朱磊：《白色证书与碳市场关系研究及启示》，《中国能源》2014 年第 1 期。

实施两种交易体系的必要性和政策结构；蒲军军以上海碳排放交易市场为例分析了碳排放交易与节能量交易之间的衔接方式。[①]

（2）实践推进层面

从 1999 年起，美国的得克萨斯州实行的能效配额制度（EEPS）是最早在节能方面适用的配额机制，而欧洲的白色认证机制（Tradable White Certificates）是全球较早也是目前最有代表性的节能量交易实践，其中意大利于 2001 年率先设计推行节能量交易制度，并于 2005 年实现整体运作，[②] 其交易模式分为双边交易和现场交易，并对未完成义务目标的输配商制定了惩罚措施，意大利是实施白色证书机制国家中交易系统相对较为成熟的，[③] 此后英国、法国也建立了类似的节能量交易机制。其中，法国于 2005 年 7 月立法通过新能源法包括节能量目标，计划在 2009 年 6 月前完成 540 亿千瓦时的节能量目标；英国于 2001 年建立能源义务（EEC）项目，并将其分为三个阶段，即 2002～2004 年的 EEC－1 能效义务阶段、2005～2007 年的 EEC－2 能效义务阶段、2008～2011 年的 EEC－3 碳减排目标计划（CERT，重命名后的）阶段，目标是在 2002 年至 2005 年初，节能量 620 亿千瓦时，2005 年至 2008 年，实现

---

① 蒲军军：《浅谈碳排放交易与节能量交易间的衔接》，《上海节能》2016 年第 9 期。

② Bertoldi P. , Huld T. , "Tradable Certificates for Renewable Electricity and Energy Savings", *Energy Policy*, 2006, 34（2）.

③ 施陈晨、于凤光、徐寒：《欧盟白色证书机制研究和应用分析》，《建筑经济》2013 年第 11 期。

1300 亿千瓦时的节能量，而在具体实施时，其实际节能量超过了建立 EEC 项目时的最初目标。此外，在澳大利亚的新南威尔士也较早推行了节能证书交易制度。国内许多研究已经对这些典型的国家和地区的节能量交易制度的异同点进行了分析。[①] 本研究通过表 6-1 对前人的对比研究进行简单的梳理。

表 6-1　各国（地区）节能量交易机制的对比

项目	英国	法国	意大利	新南威尔士
启动时间	2002 年	2005 年	2001 年推出 2005 年整体运作	2003 年
制度名称	2002～2008 年，能源效率承诺（EEC）；2008～2012 年，碳减排目标计划（CERT）	节能证书机制（ESCS）	能效证书机制（EEC）	可交易节能证书计划
节能目标跨度	3 年期节能目标	3 年期节能目标	年度节能目标	年度碳减排目标
配额对象	达到一定标准的家用能源的客户供应商	达到一定标准的电力、燃气、供暖、制冷供应商等	达到一定标准的电力及燃气供应商	电力零售商、直接向消费者供电的电厂和购电的用户、用电大户等
监管机构	天然气和电力市场局（OFGEM）	环境能源管理机构（ADEME）	能源监管部门（AEEG）	独立定价和监管委员会（IPART）
交易方式	无证书，双边交易	有证书，只允许双边交易	有证书，场内/场外交易	有证书，只允许双边交易

---

① 杜增华、陶小马：《欧盟可交易节能证书制度及其对中国节能降耗的启示》，《经济问题探索》2011 年第 10 期；史姣蓉、廖振良：《欧盟可交易白色证书机制的发展及启示》，《环境科学与管理》2011 年第 9 期。

续表

项目	英国	法国	意大利	新南威尔士
节能目标	2002~2005年,节能 62×10^9 kWh;2005~2008年,节能 130×10^9 kWh;2008~2012年,减排 185MtCO$_2$	2006年7月至2009年6月,节能 54×10^9 kWh	2005~2012年,节能22.4MToe(吨油当量)	存在单位GDP碳排放强度削减目标,无具体的节能目标
节能目标占年能源需求比重	1%	1%	0.5%	无
处罚方式	单位超标罚金无固定值,设置处罚上限	单位超标罚金固定值,设置处罚上限	罚金可根据实际情况调整	单位超标罚金固定值

节能量交易机制的核心过程由市场主导完成,而实施政府干预的关键在于:一是政府需要存在一套在满足总量控制的前提下可被所有交易主体接受的合理的能量消费权的分配方案;二是政府需要形成一套完备可行、可供交易主体遵循的法律制度,在目前我国全面探索资源环境产权交易的大环境下,采用选择试点区域、积累经验、逐步推广的方式将是节能量交易的必然发展模式。

节能量交易的基本流程按时间顺序主要分为三个阶段:第一阶段是交易前的节能目标设定、配额分配、参与主体确认,这一阶段是可实施量化分析的部分,也是下文的讨论重点;第二阶段是交易过程直接相关的交易规则确定、节能量认证、证书发放、场内/场外交易;第三阶段是交易后的证书回收(不允许跨期交易时)及视履约情况的奖惩。与发达国家流程有所区别的是,考虑到实际国情,我国仅提出了"十二五""十三五"等中长期能效强度指标,而无节能总量指标,相对发达国家直接设计节能总量目标的形式，配合经济增长速度和能效强度指标，实施能源消费总量控制而非节能目标总量控制将是节能量交易目标核算的出发点。此外，相对于法国、意大利等国覆盖所有消费者的方式，2015 年中国工业终端消费占能源终端消费总量的 66.18%，且居民对能源消费价格变动的承受能力也较为有限，而且我国资源环境权益的各种市场化交易机制都处在试点探索期，政策法规不尽完善，政府可首先考虑从工业部门入手，选择优先参与群体，待机制成熟后扩大覆盖面（这与本研究从工业部门入手相一致）。因此，适宜我国国情的节能量交易基本流程和参与主体如图 6-2 所示。

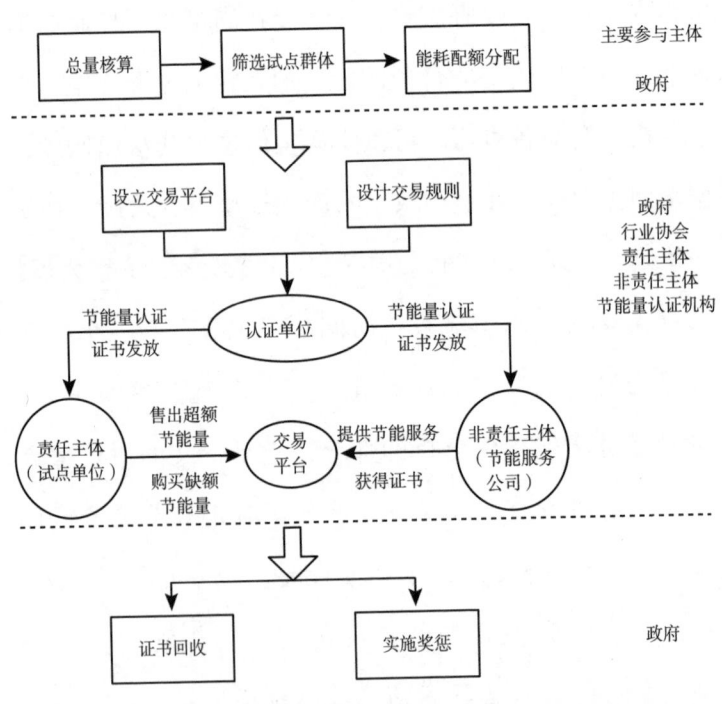

图 6-2 适宜中国国情的节能量交易基本流程

我国的节能量政策从"十二五"初期实施,烟台市 2011 年出台的《关于强化"十二五"时期节能调控的意见》在全国首创节能调控及能耗量交易新机制,深圳市于 2011 年 9 月发布了《深圳市工商业低碳发展实施方案 (2011~2013)》,明确提出建立市域的企业节能量交易机制,实施方案中深圳市将试点重点耗能企业节能量交易机制,将节能量分配给重点耗能企业,建立节能量交易市场,由企业根据节能量的价格,在自行节能和购买配额之间进行选择,并确定了 3 年实现工业能耗下降 7%、商业能耗下降 5% 的目标。江苏省在 2015 年 3 月出台全国首个相关管理办法《江苏省项目节能量交易管理办法》,并在 7 月 1 日起率先在苏南地区开展试点工作,11 月江苏富菱化工与神羊化纤完成了首笔交易。同年 7 月,福建省发布《关于推进节能量交易工作的意见(试行)》,在省内全面启动节能量交易,交易主体在年耗能量 5000 吨标准煤及以上的重点用能单位中选择。按照国家发改委 2016 年 7 月 28 日发布的《国家发展改革委关于开展用能权有偿使用和交易试点工作的函》(改环资〔2016〕1659 号),用能权交易 2017 年开始在浙江、福建、河南、四川四省试点(2018 年 2 月召开了试点工作启动会议),2020 年视情况逐步推广。

(二) 中国碳排放权交易市场建设进展分析

我国正处在工业化、城镇化加速推进阶段,经济发展增速与能源消耗增速仍直接挂钩,而化石能源为主的高碳型黑色结构决定了能耗水平和碳排放水平直接相关。碳排放权交易通过市场机制实现温室气体排放权利实体化和贸易，从而降低碳减排成本、优化配置环境容量资源，为实现环境保护与经济发展双赢提供了可行的手段。中国在未来较长一段时间内受经济和技术条件制约，以煤和石油为主的高碳能源结构仍难以发生根本性转变。发展和利用中国碳排放权交易市场，能为中国低碳经济发展开拓国内外合作平台，引进资金和先进技术，争取产业低碳化改造的碳减排和森林碳汇的价值实现，控制能耗和排放水平，积极应对能源危机和气候危机，兑现国际承诺，转后发劣势为后发优势，是我国建设生态文明进而实现科学跨越、加快低碳崛起的机遇和途径。

1. 国际碳交易市场对中国市场的经验启示

1997 年《京都议定书》签订后，国际碳市场从理论层面迅速转向实际交易的探索，特别是 2005 年 2 月议定书生效后，全球碳交易市场规模迅速扩展，形成了欧盟、美国、英国和澳大利亚等主要交易所，预计 2020 年碳交易市场将成为全球最大的环境权益类交易市场，市场规模将达到 3.5 万亿美元。目前，国内外碳交易市场可分为规范市场和自愿市场两类。[①] 前者是指在强制法规约束下，其特点是碳减排量交易是为了满足国际、国内或区域内的碳排放总量控制的法律法规，规范市场

---

① 张懋麒、陆根法：《碳交易市场机制分析》，《环境保护》2009 年第 2 期。

中最重要的就是《京都议定书》下的市场；后者主要是企业出于社会责任、营销策略等自发组织进行碳减排和交易。《京都议定书》中提出了排放贸易（ET）、联合履行（JI）和清洁发展机制（CDM）三种"灵活机制"降低附件一国家减排成本，[①] 其中 CDM 允许发展中国家和附件一国家进行碳交易，我国在 2012 年前主要依赖 CDM 机制参与国际碳市场交易，[②] 这种模式亦被称为 CDM 项目市场。规范市场和自愿市场除进行内部配额或溢额交易外，都支持 CDM/JI 项目市场。

作为规范市场的代表，欧盟温室气体排放交易体系（EU ETS）是全球最大且历史最长的碳排放交易市场，于 2005 年 1 月启动运行，交易类型主要是内部的配额交易，交易货币为欧盟配额（EUAs），同时又与 CDM 和 JI 项目获得的核证减排量（CERs）和减排单位（ERUs）建立连接。EU ETS 分试验性阶段（2005～2007 年）、正式运行阶段（2008～2012 年）和后京都阶段（2013～2020 年）三阶段运行，逐步降低额度免费分配比例并扩大管制范围，[③] EU ETS 的运行为其他地区提供了"限值—贸易"机制（Cap-and-Trade）的样本，目标是在第三阶段末实现碳排放量较 1990 年下降 20%（或较 2005 年

---

① 李婷、李成武、何剑锋：《国际碳交易市场发展现状及我国碳交易市场展望》，《经济纵横》2010 年第 7 期。

② 赵智敏、朱跃钊、汪霄等：《浅析构建中国碳交易市场的基本条件》，《生态经济》2011 年第 4 期；于楠、杨宇焰、王忠钦：《我国碳交易市场的不完整性及其形成机理》，《财经科学》2011 年第 5 期。

③ 赵霞、朱林、王圣：《欧盟温室气体排放交易实践对我国的借鉴》，《环境保护科学》2010 年第 1 期。

下降 13%）。目前 EU ETS 正在为第四阶段（2021 ~ 2030 年）的运行进行相关准备工作。

自愿市场先于规范市场出现，其代表是芝加哥气候交易所（CCX）。CCX 于 2003 年成立，并陆续发展了数个分支机构，包括在中国合资建立的天津排放权交易所。CCX 采用会员自动参与，设定减排基线和分阶段减排目标，实际碳减排量大于或小于目标的会员可以在内部出售或购买排放指标，亦可进行 CDM/JI 交易。自愿市场中可供交易的碳信用较为广泛，如场内交易的 CCX 标准核证的碳金融合约（CFI）和场外交易市场自愿碳标准（VCS）核证的自愿碳单位（VCU），在规范市场上交易的碳信用也可以在自愿市场上交易。除 EU ETS 和 CCX 外，美国虽未加入强制减排市场，但美国一些区域性的强制性碳市场仍备受关注，如东北部州郡的"温室气体减排行动"（RGGI）和"西部气候倡议"（WCI）所提出的 Cap-and-Trade 碳交易市场，其中 RGGI 是目前碳配额拍卖力度最大的体系。

目前，作为国际碳市场风向标的 EU ETS 市场运行良好，其第三阶段对减排领域的覆盖范围进一步扩大，加入了航空业、碳捕捉行业的 CO_2 排放；对 CDM 项目的支持重点转向最不发达国家，即主要面向非洲市场，这对我国 CDM 项目的开发造成了严重影响；配额分配的形式由免费分配逐步转向配额拍卖形式。而美国的 CCX 和 RGGI 的发展由于政府在气候问题上的消极应对（美国已在 2017 年 6 月宣布退出《巴黎协定》，但 2020 年方能正式退出）都受到挫折，特别是 CCX 的突然"休克"（被收购）对自愿市场的发展形成巨大打击，CCX 在 2010 年 7 月被收购后，CFI 急剧贬值、会员流失，交易于 2011 年底停止。

由于本章的重点内容是对用能权/碳排放权配额的考察，这里对国际规范市场的配额分配特点做一个简要回顾。① EU ETS 第三阶段以前，超过 95% 的配额以"祖父式"方式（根据历史排放水平确定配额）分配给纳入减排体系的企业，第一阶段富余配额在第二阶段初期被注销，EU ETS 第三阶段中拍卖逐步成为主要的配额分配方式，2027 年前将终止配额免费分配方式，同时第二阶段的配额允许储存至第三阶段使用。RGGI 针对发电企业实施碳排放控制，首先将额度分配至纳入体系中的各个州，再通过各州以季度拍卖形式分配至相关企业，从第二管控期开始设定了配额拍卖的最低价格并逐年按 2.5% 的比例提升。澳大利亚碳排放交易体系（AU ETS）于 2012 年开始实施碳定价机制，对碳排放配额采用固定价格付费结合免费配额援助的方式，并计划在 2015 年 7 月后采用浮动价格体系，但因政府更迭，AU ETS 目前采用减排基金模式取代了碳定价机制，企业无须付费，政府通过拍卖形式，以基金付费从企业购买减排量（可视为以奖代惩的机制），所有配额均不允许储存跨期交易。新西兰碳排放交易体系（NZ ETS）配额按照上年度行业领域的产出、排放量来确定，方式以免费

---

① 张益纲、朴英爱：《世界主要碳排放交易体系的配额分配机制研究》，《环境保护》2015 年第 10 期。

分配为主，特点是其排放配额即包括了直接排放，又包括了电力的间接排放（这一点与本章后文的二次修正的思路来源有所类似），部分行业可以获得免费配额（如农业、林业），部分行业（如固定式能源供应）则必须使用拍卖的方式获得配额。印度的 PAT（Perform Achieve and Trade）减排交易机制，以减少碳排放为目标，但通过能源强度进行控制（作为发展中国家，没有总量的强制减排义务，以能源效率为目标实施减排的策略与中国保持了一致），减排手段通过节能量实现，为达到按照能源消费基线和能源强度下降率确定的能效目标的企业，必须购买节能证书或支付罚款。

国际碳交易市场的实践经验，对中国碳交易市场的发展有诸多启示。

（1）排放总量限额和排放权的初始配额分配应审慎设计，尽管初始分配对经市场化运行后资源配置的最终结果影响不大，但其是影响碳市场稳定运行和参与主体公平程度和认可度的重要因素。EU ETS 和 RGGI 都出现过配额总量设计过度、交易产品价格大幅下跌、配额交易市场萎缩的情况。EU ETS在试验性阶段中配额总量过度分配 4% 导致 EUAs 价格暴跌，在第二阶段中经济增速下行导致能耗和碳排放需求下降，大量配额过剩；而 RGGI 也遭遇到类似问题，受能源需求乏力影响第一管控期（2009～2011 年）碳排放量小于排放限额，顾问机构则认为 RGGI 的限额过高以至于在 2030 年前电厂排放都不可能超过限额，同时需求市场萎缩，按原有计划难以实现碳减排。针对这一实际情况，EU ETS 和 RGGI 都在不同时期对配额进行了下调，但部分学者指出，尽管目前 EU ETS 采用"延迟配额拍卖"和计划使用"市场稳定储备"的方式来稳定交易价格和刺激额外减排，但预期效果可能并不明显，仍需要设置拍卖价格下限机制。从分配机制上看，无论规范市场还是自愿市场基本依据历史排放量来确定配额的初始分配，高能耗、高排放企业通常可以获得更多配额并因此取得大量盈利，而在历史上可能对节能减排投入更高的企业因现状排放量小而获得的配额偏少，这造成"鞭打快牛"的情况。

（2）由于碳市场交易的减排量是虚拟产品，[①] 对于排放单位的碳减排的量化核实是实现碳市场公平和效力的难点。微观层面的碳减排往往难以监测和验证，碳交易从直观上看只是电子文件的交易，如 CCX 强调其出售的排放指标均得到独立认证，但仍广受诟病，这要求碳排放核算需要更为精确、权威的技术支撑。

（3）减排市场的发展从宏观上需要兼顾效率与公平，作为最大的发展中国家，我国的碳市场需要在社会经济可持续的背景下，逐步完成碳减排目标与承诺。按照国际公约要求，发达国家碳市场中都设定了绝对量减排要求，而发展中国家则以强度减排的相对减排为主。我国目前既面临着新常态下经济增速 L 型筑底的压力，又面临着不断积累的环境压力与人民美好

---

① 杨志、陈波：《碳交易市场走势与欧盟碳金融全球化战略研究》，《经济纵横》2011 年第 1 期。

生活诉求之间的矛盾冲突。因此，在碳减排市场的安排上，只能是逐步探索、试点推广、以点带面的过程，行业配额中要基于行业能源消费量、碳排放量的历史情况，也要基于行业的承受能力，配额安排初期仍要借鉴发达国家和地区免费分配形式，且配额总量应综合考虑经济发展需求和环境需求的平衡，未来再逐步调整配额总量和分配形式。

总的来说，尽管现行碳市场仍呈现不确定性和待改进空间，但应对气候变化是所有国家和地区的共同责任，全球碳市场的发展和统一也是必然趋势，国家和区域的碳市场将首先形成，未来将最终通过减排指标的互认和交易系统的对接实现全球碳市场的统一。

2. 国内碳交易市场的建设进展和成效

《京都议定书》签订后国际碳交易市场迅速兴起，由于CDM 是发展中国家与发达国家进行碳减排合作的最主要形式，我国碳市场早期以发展 CDM 项目市场为主。

2004 年 6 月《清洁发展机制项目运行管理暂行办法》（于2011 年 8 月第二次修订）的发布标志着中国碳交易 CDM 项目形成官方管理文件，并开始启动 CDM 项目注册核证工作。2010 年我国本土 DOE（指定经营实体）首个 CDM 审定项目获联合国 EB（清洁发展机制执行理事会）注册，我国 CDM 项目运作在国际认可上有了新的进展。截至 2016 年 8 月，已有5074 个 CDM 项目获国家发改委批准，其中截至 2015 年 7 月已有 3807 个 CDM 项目在 EB 注册成功。在发展 CDM 项目市场的同时，我国在 2010 年前后也逐步展开了对碳交易自愿市场的探索，进行了碳减排标准方面的基础性研究，推出了如北京环交所的熊猫标准和 VER 指数、上海环交所的中国自愿碳减排标准。从整体上看，在 2013 年以前，我国碳排放市场主要依靠项目市场和自愿市场，但 CDM 项目市场受到国际政策波动的影响很大，未来具有较大的不确定性，自愿市场因缺乏政府的强制推动而发展缓慢，2011 年北京环交所和天津排放权交易所才各自完成了第一笔交易且市场极不活跃。

2011 年国家"十二五"规划纲要中明确提出"逐步建立碳排放交易市场"，为确保我国国际减排承诺的兑现，积极应对全球气候变化，加快国内碳减排市场建设，2011 年 10 月底国家发改委批准在北京、天津、上海、重庆、湖北、广东和深圳七省市开展碳交易试点工作，2013 年除中、西部地区外的 5 个试点市场启动，2014 年湖北和重庆碳市场相继启动，至此 7 个试点市场全部启动，配额主要以免费形式发放至相关企业，少数采用拍卖竞价方式获得。2013 年 6 月至 2015 年 7 月，7 个试点的碳市场的累计交易配额达到了 0.39 亿吨，其间配额平均价格约为 30 元/吨。2016 年 11 月国务院印发《"十三五"控制温室气体排放工作方案》，指出要在 2017 年启动全国碳排放交易市场。经过数年的试点，2017 年 11 月，七大试点碳市场累计交易配额已超过 2 亿 tCO_2e，成交额超过了 46 亿元，七大试点市场的运行也为推动全国碳市场的正式运行积累了丰富经验。2017 年 12 月，国家发改委印发《全国碳排放权交易市场建设方案（发电行业）》，标志着中国全国碳排放交易体系已经完成了总体设计，并正式启动。该方案以发电行业为受控的对象，将年排放超过 2.6 万 tCO_2e（综合能耗约超过 1 万吨标煤）的企业纳入全国碳市场，共涉及电力企业 1700 余家，碳排放总量达到 30 多亿吨。事实上，虽然方案目前仅纳入了发电行业，但其测算的交易市场规模已超过了 EU ETS，成为全球最大的碳市场（从这里也可以理解，本节后文内容为何提到，对所有工业行业进行配额修正时，发电行业一个行业的配额增减，即对全部行业的配额增减起到决定性作用，因为发电行业的能耗量和碳排放量在工业部门中所占比重过大）。全国碳市场对发电行业将采用基准线法（即碳排放强度的行业基准值，通过对同一行业部门中多个企业的碳效率进行排序和选取得到，也被称为"标杆法""先进值法"等）进行配额总量限额的确定并设计分配方案。

综上，尽管用能权/节能量在我国政策实践中相对偏少，但是碳排放权交易政策在近年来已得到大力推进，采用市场化手段实现工业部门的减排成本合理分担并无政策障碍，相对于下一级段我国全国性市场将以发电行业为主率先推进，并已设计了同一行业部门内企业配额分配方案，本章接下来将对所有工业部门的配额进行方案设计，并利用工业部门间碳排放转移的现状评价和未来趋势预测结论，对行业部门的配额进行多次修正，配额结果将可为全国碳市场或者用能权/节能量市场在多行业部门的深入推广提供讨论与参考。

二　"用能权 + 碳排放权"双市场配额配置模型设计

（一）用能权/碳排放权配额分配的基本原则

尽管"科斯定理"认为，产权的初始配置格局不会影响到市场效率（无交易成本时），但无论用能权抑或碳排放权配额的初始分配直接与企业减排成本和收入分配挂钩，配置方案的失误会严重影响各行业部门企业参与市场交易的主动性和积极性，对用能权/碳排放权交易市场的持续运行息息相关。本章中尝试对工业部门以部门分类为整体，探讨各行业部门用能权/碳排放权的配额配置方案，行业部门配额分解遵循以下基本原则。

1. 公平性原则

不同工业部门的产业结构和能耗结构、部门盈利水平、生产技术水平、能源利用效率水平、碳排放水平和减排成本，以及在工业经济发展中的重要程度和未来发展趋势等各不相同，在用能权/碳排放权总量分配时，既要考虑部门节能减排的承受能力，不完全限制产业链上游基础性高能耗部门的发展，也不能保护落后，要利用配额限制倒逼行业部门提高能源利用效率，并充分利用高能耗部门的低减排成本优势降低全社会碳减排成本，公平设计用能权和碳排放权总量的分配方案。

2. 不突破总量控制目标的原则

工业部门总用能和碳排放目标经过科学研究确定，充分考虑我国能源消费总体水平、经济发展速度、能效提升能力、工业部门在三次产业结构中的占比等因素，利用相关规划目标确定全国工业部门用能权和碳排放总量目标，配额分解必须要满足全国总量控制目标要求，各工业部门配额控制指标之和不突破工业部门配额总量水平。

3. 可操作性原则

用能权/碳排放权的配额分配既要符合各部门现实情况、未来发展需求、能源供给能力和降低减排成本等因素，又要表达形式简洁，易于理解接受和操作实施。分配方法从原理到内容、从结果到表达形式都应该充分体现实用性和可操作性。

（二）基于综合评价的用能权/碳排放权初次分配模型设计

国家"十三五"规划中明确给出了 2020 年末全国经济总量目标和相对于 2015 年末能源强度目标，因此本章以 2015 年为基年，以 2020 年为目标年，对用能权/碳排放权配额分配方法进行讨论。

1. 建立用能权/碳排放权配额调整综合评价体系

评价体系由行业效益、行业重要性、新技术投入、绿色壁垒、能源消费、碳减排六个部分组成，如表 6 - 2 所示。指标选取的基本思路如下。

（1）效益越好的行业部门，承受用能和碳排放指标削减的能力越强，可以适度下调初始配额；

（2）在工业部门中重要性越大的主导部门，由于对能耗和碳排放影响大及"标杆"作用，可以适度下调初始配额以促进减排；

（3）新技术投入力度较大的部门，由于节能减排潜力挖掘已经较为充分，可适度上调初始配额，防止"鞭打快牛"，同时倒逼相对落后部门加快技术更替步伐；

（4）出口贸易占比较高的部门，为有效应对绿色贸易壁垒，应适度下调初始配额；

（5）单位经济产出能耗较高和化石能源消费占比较高的部门，为促进提升能源利用效率和推进低碳能源使用，应适度下调初始配额；

（6）单位经济产出碳排放较高和碳减排成本较低的部门，为促进产业低碳化和降低全社会碳减排成本（减少碳减排成本较低部门的配额，增加碳减排成本较高部门的配额，有利于降低减碳成本较高部门的经济负担），应适度下调初始配额。

表6-2中，正向指标表示该指标值越大，其对应的工业部门将进行更严格的能耗和碳排放控制（配额下调）；负向指标表示该指标值越大，其对应的工业部门能耗和碳排放控制会相对放松（配额上调），后文的配额调整公式会体现这一点。综合体系共包括6项一级指标和10项二级指标（具体指标），指标的权重设计上，评价体系中各个指标的权重可以通过专家评议的方式，采用AHP法（层次分析法）的两两判断矩阵得

到。但由于本章中综合评价体系指标数量相对有限，每个一级指标下最多只有两项具体指标，笔者按照重要性直接对具体指标进行赋权。

表6-2 中国工业部门用能权/碳排放权配额调整综合评价体系

一级指标	一级指标权重	二级指标	单位	总权重	指标性质
行业效益	0.2	规上企业主营业务收入/规上企业用工人数	万元/人	0.1	正向
		规上企业利润/规上企业用工人数	万元/人	0.1	正向
行业重要性	0.1	按规上企业资产总计测算	—	0.1	正向
新技术投入	0.1	规上企业R&D经费支出/规上企业主营业务收入	—	0.05	负向
		规上企业新产品开发经费支出/规上企业主营业务收入	—	0.05	负向
绿色壁垒	0.1	规上企业新产品出口销售收入/规上企业主营业务收入	—	0.1	正向
能源消费	0.3	部门终端能耗/规上企业主营业务收入	吨标煤/万元	0.2	正向
		化石能源占终端能耗比重	%	0.1	正向
碳减排	0.2	部门终端直接碳排放量/规上企业主营业务收入	tCO_2e/万元	0.1	正向
		部门碳减排成本	万元/tCO_2e	0.1	负向

注：表中，"—"表示无量纲。由于统计数据中，工业企业大多只能查询到规上企业数据，表中二级指标主要使用各类规上企业数据的对比值设计而得。表中终端直接碳排放与本书第四章定义相同，但不含火电和热力生产时的直接碳排放。本章中用能权和碳排放权总量分配的目标除终端能耗和终端直接碳排放外，还包括了能源加工转换中能耗的净损失部分，以及热力、电力生产过程中的碳排放，但将加工转换计入后，会导致电力、热力生产和供应业的排放量过高，使其综合评价指数远高于其他部门，进而导致配额分配时，电力、热力生产和供应业一个部门的调整能覆盖其他所有部门的调整，在综合评价因子计算时仅计算终端能耗和终端直接碳排放，在部门用能权和碳排放总配额上再加入加工转换时的能源净损失消耗量，以及电力、热力生产时的碳排放。

　　由于 2015 年统计数据对工业部门的划分与 2010 年相比有
出入，本章根据数据的可获得性，共选择了 38 个主要的工业
部门，其中终端直接碳排放量除煤合计、焦炭、油合计、天然
气、液化天然气外，由于部分工业部门的焦炉、电炉、转炉煤
气和其他能源使用量很高，还增加了对这些能源品种碳排放的
估计，本章中工业部门能耗碳排放的合计数略高于本书第二章
的行业大类估算数。此外，部门碳减排成本参考了陈诗一的相
关研究结果并做处理。[①]

　　按照表 6 - 2 中各具体指标的性质，为消除量纲影响，
需对指标原始数据进行 [0，1] 归一化处理，对于正向
指标：

$$NI_{i,j} = \frac{I_{i,j} - Min_j}{Max_j - Min_j} \quad (j = 1,2,\cdots,n) \qquad （式 6 - 1）$$

　　对于负向指标：

$$NI_{i,j} = \frac{Max_j - I_{i,j}}{Max_j - Min_j} \quad (j = 1,2,\cdots,n) \qquad （式 6 - 2）$$

　　式 6 - 1 和式 6 - 2 中，$I_{i,j}$ 和 $NI_{i,j}$ 分别为第 i 个工业部门第 j
个评价指标的原始值和归一化值，Max_j 和 Min_j 分别为所有工业
部门中第 j 评价指标的最大值和最小值，式 6 - 1 和式 6 - 2 分
别为正向和负向指标归一化公式。

----

① 陈诗一：《工业二氧化碳的影子价格：参数化和非参数化方法》，《世界
经济》2010 年第 8 期。

指标归一化后，按照表 6-2 所示权重，进行加权求和，见式 6-3，即可得到各工业部门用能权/碳排放权配额调整综合评价指数 CI。CI 的值越大，说明在下一步的配额调节中，将受到越严格的限制；CI 的值越小，则对其用能权/碳排放权的控制越为放松。

$$\mathrm{CI}_i = \sum_{j=1}^{p} (W_j \cdot NI_{i,j}) \quad (j = 1, 2, \cdots, n) \qquad (式 6-3)$$

式 2-3 中，W_j 为第 j 指标权重，CI_i 为第 i 个工业部门的综合评价指数。

2. 核定工业部门的目标年（2020 年）用能权/碳排放权基数

假设 2015 年国内生产总值为 $GDP(2015)$，年均国内生产总值增速为 η，2020 年工业增加值占国内生产总值比重为 ε，2020 年工业能源强度为 $EI(2020)$，则工业部门目标年能耗总量 EC（2020）为（所有涉及货币的指标均应折算为不变价）：

$$\mathrm{EC}(2020) = GDP(2015) \cdot (1 + \eta)^5 \cdot \varepsilon \cdot EI(2020) \qquad (式 6-4)$$

3. 按综合评价指数调整工业部门用能权/碳排放权初始配额

利用上述评价指数结果，设工业部门 i 用能权/碳排放权初次配额调整因子为 $d1_i$（见式 6-5），并设目标年（2020）相对于基年（2015）研究工业部门整体能耗总量增长幅度为 $k1$，碳排放量增长幅度为 $k2$，设用能权调整系数为 $m1_e$，碳排

放权调整系数为 $m1_c$，则工业部门 i 的目标年用能权初始配额 EC（2020）$_i$，碳排放权初始配额 CE（2020）$_i$ 可分别由式 6 - 6、式 6 - 7 计算，其中 EC（2015）$_i$ 为工业部门 i 的基年能耗，CE（2015）$_i$ 为工业部门 i 的基年碳排放，EC（2015）和 CE（2015）为全国工业部门基年的总能耗和总碳排放（终端直接碳排放和电力、热力的生产时的碳排放），n 为工业部门种类数。

$$d1_i = \frac{CI_i - \dfrac{\sum_{i=1}^{n} CI_i}{n}}{\dfrac{\sum_{i=1}^{n} CI_i}{n}} \qquad （式\ 6 - 5）$$

$$EC\ (2020)_i = EC\ (2015)_i \cdot (1 + k1) - \frac{EC\ (2015)_i \cdot |\ k1\ | \cdot d1_i}{m1_e}$$
$$（式\ 6 - 6）$$

$$CE\ (2020)_i = CE\ (2015)_i \cdot (1 + k2) - \frac{CE\ (2015)_i \cdot |\ k2\ | \cdot d1_i}{m1_c}$$
$$（式\ 6 - 7）$$

可见，初始配额是以所有部门均按整体配额平均扩张（或收缩）比例作为配额基数，通过各部门的配额调整综合评价因子对基年和目标年间配额扩张（或收缩）的基数进行调整缩放的结果。

（三）基于部门间碳转移强度的用能权/碳排放权配额二次修正模型设计

本书前文中已经提到，由于中间产品的流动，存在部门间的碳转移，造成表观高碳部门的碳排放可能是为其下游部门提供中间产品而引发，同时我国工业部门大部分引致碳排放强度都高于直接碳排放强度，上节仅由直接碳排放量来确定部门的用能权/碳排放权配额基数，这在公平性考察上有所欠缺。笔者在前文对工业部门直接、引致和完全碳排放强度核算和预测的基础上，通过这三个关键指标之间绝对值、调整速度的比例关系，对上节初始用能权/碳排放权初始配额进行历史性配额补偿和趋势性配额修正，从而将工业部门间碳排放转移情况纳入配额制定的考察因素，最终通过用能权/碳排放权的市场交易手段实现部门间碳减排成本的合理分担。

1. 基于部门间碳转移强度的历史性用能权/碳排放权配额补偿

基于部门间碳转移强度的历史性用能权/碳排放权配额补偿的配额调整的出发点是，将工业部门 i 当前的直接碳排放强度与引致碳排放强度之比作为核心表征指标，该比值越高，说明工业部门 i 在历史上为其他部门承担的碳排放越大，则可适度提高工业部门 i 的用能权/碳排放权配额。使用本书工业部门间碳转移路径分析章节相关核算结果，若工业部门 i 的直接碳排放强度为 DCI_i，引致碳排放强度为 ICI_i^*（符号含义与前文同），用能权/碳排放权配额补偿调整因子为 $d2_i$，并设用能权补偿系数为 $m2_e$，碳排放权补偿系数为 $m2_c$，目标年工业部门 i 经历史性配额补偿后用能权配额和碳排放权配额分别调整为 EC $(2020)_i'$ 和 CE $(2020)_i'$，则有：

$$d2_i = \frac{\dfrac{DCI_i/ICI_i^*}{Min(DCI_1/ICI_1^*, DCI_2/ICI_2^*, \cdots, DCI_n/ICI_n^*)}}{\dfrac{\sum\limits_{i=1}^{n} \dfrac{DCI_i/ICI_i^*}{Min(DCI_1/ICI_1^*, DCI_2/ICI_2^*, \cdots, DCI_n/ICI_n^*)}}{n}} - 1$$

（式 6 - 8）

$$EC(2020)_i' = EC(2020)_i + EC(2015)_i \cdot k1 \cdot m2_e \cdot d2_i$$

（式 6 - 9）

$$CE(2020)_i' = CE(2020)_i + CE(2015)_i \cdot k2 \cdot m2_c \cdot d2_i$$

（式 6 - 10）

2. 基于部门间碳转移变动的趋势性用能权/碳排放权配额修正

基于部门间碳转移变动的趋势性用能权/碳排放权配额修正的配额调整的出发点是，将工业部门 i 未来一段时间内完全碳排放强度的累积下降率与直接碳排放强度的累积下降率之比作为核心表征指标，该比值越高，说明工业部门 i 在未来对所有部门的碳排放强度的下降贡献度更高，则可适度提高工业部门 i 的用能权/碳排放权配额。使用本书工业部门碳转移变动预测分析章节相关核算结果，以 2010 年末至 2017 年末 7 年累积变化率作为考察对象，若工业部门 i 的完全碳排放强度累计下降率为 ΔTCI_i^*，直接碳排放强度累积下降率为 ΔDCI_i（符号含义与前文同），用能权/碳排放权配额修正调整因子为 $d3_i$，并设用能权修正系数为 $m3_e$，碳排放权修正系数为 $m3_c$，目标年工业部门 i 经趋势性配额修正后用能权配额和碳排放权配额分别调整为 $EC(2020)_i^*$ 和

CE $(2020)_i^*$，则有：

$$d3_i = \frac{\dfrac{\Delta TCI_i^* / \Delta DCI_i}{\min(\Delta TCI_1^* / \Delta DCI_1, \Delta TCI_2^* / \Delta DCI_2, \cdots \Delta TCI_n^* / \Delta DCI_n)}}{\dfrac{\sum\limits_{i=1}^{n} \dfrac{\Delta TCI_i^* / \Delta DCI_i}{\min(\Delta TCI_1^* / \Delta DCI_1, \Delta TCI_2^* / \Delta DCI_2, \cdots \Delta TCI_n^* / \Delta DCI_n)}}{n}} - 1$$

$$(6-11)$$

$$EC(2020)_i^* = EC(2020)_i' + EC(2015)_i \cdot k1 \cdot m3_e \cdot d3_i$$

$$(6-12)$$

$$CE(2020)_i^* = CE(2020)_i' + CE(2015)_i \cdot k2 \cdot m3_c \cdot d3_i$$

$$(6-13)$$

综上所述，即得到了纳入工业部门间碳排放转移（现状和未来）因素后的部门用能权/碳排放权最终配额。此外，对初始配额和二次补偿、修正配额，每一次计算各工业部门配额时都应注意与相应的工业部门整体用能权/碳排放权总量进行平衡调整。

三 "用能权 + 碳排放权"双市场配额优化及分析

按照上文设计的综合评价体系，收集 2015 年我国工业部门经济、科技、能源消费等方面的数据，并经归一化处理后，得到 38 个工业部门各项具体指标数据，如表 6 - 3 所示，由于 2015 年统计数据中部门名称与 2010 年统计数据有所出入，不再使用前文所用的部门缩写。

表 6 – 3　工业部门用能权/碳排放权配额调整综合评价体系指标数据归一化结果

部门名称	行业效益		行业重要性	新技术投入		绿色壁垒	能源消费		碳减排	
	规上企业主营业务收入/规上企业用工人数	规上企业利润/规上企业用工人数	行业重要性（按规上企业资产总计测算）	规上企业R&D经费支出/规上企业主营业务收入	规上企业新产品开发经费支出/规上企业主营业务收入	规上企业新产品出口销售收入/规上企业主营业务收入	部门终端能耗/规上企业主营业务收入	化石能源占终端能耗比重	部门终端直接碳排放量/规上企业主营业务收入	部门碳减排成本
煤炭开采和洗选业	0.0295	0.0000	0.4256	0.7699	0.9169	0.0056	0.1657	0.1680	0.1157	0.9995
石油和天然气开采业	0.1625	0.1505	0.1562	0.6839	0.9488	0.0008	0.3783	0.1016	0.1848	0.9986
黑色金属矿采选业	0.2048	0.1428	0.0750	0.9875	0.9932	0.0000	0.1253	0.3635	0.0754	0.9709
有色金属矿采选业	0.2058	0.1437	0.0367	0.8848	0.9515	0.0000	0.0765	0.6906	0.0205	0.9464
非金属矿采选业	0.1313	0.1148	0.0228	0.9585	0.9667	0.0008	0.1450	0.3552	0.0784	0.9841
农副食品加工业	0.2768	0.1265	0.2561	0.8948	0.8802	0.0116	0.0318	0.3606	0.0277	0.9668
食品制造业	0.1526	0.1404	0.1084	0.7636	0.7629	0.0289	0.0455	0.3386	0.0298	0.9823
酒、饮料和精致茶制造业	0.1541	0.1747	0.1159	0.8088	0.8447	0.0143	0.0529	0.2352	0.0389	0.9818

续表

部门名称	行业效益		行业重要性	新技术投入		绿色壁垒	能源消费		碳减排	
	规上企业主营业务收入/规上企业用工人数	规上企业利润/规上企业用工人数	行业重要性（按规上企业资产总计测算）	规上企业R&D经费支出/规上企业主营业务收入	规上企业新产品开发经费支出/规上企业主营业务收入	规上企业新产品出口销售收入/规上企业主营业务收入	部门终端能耗/规上企业主营业务收入	化石能源占终端能耗比重	部门终端直接碳排放量/规上企业主营业务收入	部门碳减排成本
烟草制品业	1.0000	1.0000	0.0640	0.9442	0.9569	0.0072	0.0000	0.5481	0.0031	0.9132
纺织业	0.1096	0.0686	0.1865	0.8082	0.8080	0.0878	0.0888	0.6973	0.0263	0.9600
纺织服装、服饰业	0.0192	0.0375	0.0952	0.8605	0.8513	0.1275	0.0090	0.5351	0.0071	0.8227
皮革、毛皮、羽毛及其制品和制鞋业	0.0202	0.0429	0.0488	0.8866	0.8637	0.0917	0.0088	0.5894	0.0064	0.8250
木材加工和木、竹、藤、棕、草制品业	0.1409	0.0937	0.0415	0.9051	0.8958	0.0329	0.0501	0.5570	0.0352	0.9668
家具制造业	0.0591	0.0594	0.0301	0.8542	0.8067	0.1380	0.0118	0.5758	0.0071	0.7359
造纸和纸制品业	0.1520	0.0878	0.1031	0.6926	0.7651	0.0467	0.1831	0.5334	0.0801	0.9914
印刷和记录媒介复制业	0.0834	0.0881	0.0343	0.8178	0.8151	0.0456	0.0208	0.5488	0.0101	0.7523

续表

部门名称	行业效益		行业重要性	新技术投入		绿色壁垒	能源消费		碳减排	
	规上企业主营业务收入/规上企业用工人数	规上企业利润/规上企业用工人数	行业重要性（按规上企业资产总计测算）	规上企业R&D经费支出/规上企业主营业务收入	规上企业新产品开发经费支出/规上企业主营业务收入	规上企业新产品出口销售收入/规上企业主营业务收入	部门终端能耗/规上企业主营业务收入	化石能源占终端能耗比重	部门终端直接碳排放量/规上企业主营业务收入	部门碳减排成本
文教、工美、体育和娱乐用品制造业	0.0643	0.0538	0.0572	0.8335	0.8042	0.1241	0.0022	0.3682	0.0069	0.4991
石油加工、炼焦和核燃料加工业	0.8121	0.1228	0.1905	0.9126	0.9231	0.0007	0.4344	0.0335	0.2741	1.0000
化学原料和化学制品制造业	0.3161	0.1518	0.5779	0.6106	0.6831	0.0692	0.4524	0.1403	0.2829	0.9950
医药制造业	0.1726	0.1925	0.1927	0.2601	0.3353	0.0850	0.0483	0.3735	0.0299	0.9655
化学纤维制造业	0.2782	0.1002	0.0437	0.5471	0.4822	0.1191	0.1491	0.5675	0.0568	0.9936
橡胶和塑料制品业	0.1224	0.0861	0.1642	0.6878	0.6819	0.0899	0.0571	0.6732	0.0175	0.8948
非金属矿物制品业	0.1434	0.0975	0.3874	0.8301	0.8486	0.0297	0.4766	0.0216	0.3672	0.9959

续表

部门名称	行业效益		行业重要性	新技术投入		绿色壁垒	能源消费		碳减排	
	规上企业主营业务收入/规上企业用工人数	规上企业利润/规上企业用工人数	行业重要性（按规上企业资产总计测算）	规上企业R&D经费支出/规上企业主营业务收入	规上企业新产品开发经费支出/规上企业主营业务收入	规上企业新产品出口销售收入/规上企业主营业务收入	部门终端能耗/规上企业主营业务收入	化石能源占终端能耗比重	部门终端直接碳排放量/规上企业主营业务收入	部门碳减排成本
黑色金属冶炼和压延加工业	0.3230	0.0124	0.5145	0.6380	0.7057	0.0672	1.0000	0.0000	1.0000	0.9964
有色金属冶炼和压延加工业	0.5231	0.1114	0.2975	0.7148	0.8033	0.0433	0.1858	0.6917	0.0468	0.9814
金属制品业	0.1385	0.0879	0.1994	0.6986	0.7115	0.0807	0.0473	0.6673	0.0144	0.8677
通用设备制造业	0.1434	0.1018	0.3287	0.4300	0.4350	0.1255	0.0300	0.4114	0.0197	0.8582
专用设备制造业	0.1471	0.0931	0.2769	0.3219	0.3189	0.1398	0.0149	0.4887	0.0094	0.9414
汽车制造业	0.2684	0.2178	0.4755	0.4633	0.4128	0.0623	0.0103	0.6004	0.0054	0.9118
铁路、船舶、航空航天和其他运输设备制造业	0.1445	0.0867	0.1712	0.0000	0.0000	0.4155	0.0144	0.3810	0.0098	0.9118

续表

部门名称	行业效益		行业重要性	新技术投入		绿色壁垒	能源消费		碳减排	
	规上企业主营业务收入/规上企业用工人数	规上企业利润/规上企业用工人数	行业重要性（按规上企业资产总计测算）	规上企业R&D经费支出/规上企业主营业务收入	规上企业新产品开发经费支出/规上企业主营业务收入	规上企业新产品出口销售收入/规上企业主营业务收入	部门终端能耗/规上企业主营业务收入	化石能源占终端能耗比重	部门终端直接碳排放量/规上企业主营业务收入	部门碳减排成本
电气机械和器材制造业	0.1681	0.1109	0.4529	0.3755	0.3482	0.2494	0.0040	0.7267	0.0025	0.6009
计算机、通信和其他电子设备制造业	0.1457	0.0726	0.5346	0.2402	0.1282	1.0000	0.0013	0.8667	0.0000	0.0000
仪器仪表制造业	0.1021	0.1089	0.0545	0.0980	0.0568	0.1453	0.0035	0.7150	0.0020	0.2636
其他制造业	0.0572	0.0600	0.0089	0.5948	0.5985	0.1336	0.2187	0.8807	0.0357	0.9668
金属制品、机械和设备修理业	0.0397	0.0350	0.0000	0.4877	0.5801	0.2216	0.0213	0.3035	0.0581	0.9668
电力、热力的生产和供应业	0.3957	0.2982	1.0000	0.9802	0.9916	0.0000	0.0996	0.9071	0.0102	1.0000
燃气生产和供应业	0.4731	0.3142	0.0537	1.0000	1.0000	0.0000	0.0367	0.5297	0.0105	0.9995

续表

部门名称	行业效益		行业重要性	新技术投入		绿色壁垒	能源消费		碳减排	
	规上企业主营业务收入/规上企业用工人数	规上企业利润/规上企业用工人数	行业重要性（按规上企业资产总计测算）	规上企业R&D经费支出/规上企业主营业务收入	规上企业新产品开发经费支出/规上企业主营业务收入	规上企业新产品出口销售收入/规上企业主营业务收入	部门终端能耗/规上企业主营业务收入	化石能源占终端能耗比重	部门终端直接碳排放量/规上企业主营业务收入	部门碳减排成本
水的生产和供应业	0.0000	0.0563	0.0761	0.8898	0.9266	0.0002	0.2596	1.0000	0.0072	0.9691

利用表 6 - 3 归一化结果，按照式 6 - 3 和表 6 - 2 所示权重，可计算出 38 个工业部门的用能权/碳排放权配额调整综合评价指数 CI_i 和初次配额调整因子为 $d1_i$，见表 6 - 4 所示。

表 6 - 4　工业部门综合评价指数和初次配额调整因子计算结果

部门名称	CI_i	$d1_i$	部门名称	CI_i	$d1_i$
煤炭开采和洗选业	0.2919	- 0.0434	医药制造业	0.2406	- 0.2115
石油和天然气开采业	0.3328	0.0907	化学纤维制造业	0.2972	- 0.0260
黑色金属矿采选业	0.3073	0.0072	橡胶和塑料制品业	0.2847	- 0.0670
有色金属矿采选业	0.3115	0.0208	非金属矿物制品业	0.3835	0.2569
非金属矿采选业	0.2940	- 0.0365	黑色金属冶炼和压延加工业	0.5585	0.8305
农副食品加工业	0.2977	- 0.0242	有色金属冶炼和压延加工业	0.3826	0.2538
食品制造业	0.2635	- 0.1363	金属制品业	0.2856	- 0.0641
酒、饮料和精致茶制造业	0.2648	- 0.1323	通用设备制造业	0.2481	- 0.1868

续表

部门名称	CI_i	$d1_i$	部门名称	CI_i	$d1_i$
烟草制品业	0.4486	0.4702	专用设备制造业	0.2447	-0.1982
纺织业	0.3122	0.0231	汽车制造业	0.3000	-0.0167
纺织服装、服饰业	0.2518	-0.1747	铁路、船舶、航空航天和其他运输设备制造业	0.2149	-0.2956
皮革、毛皮、羽毛及其制品和制鞋业	0.2517	-0.1751	电气机械和器材制造业	0.2681	-0.1213
木材加工和木、竹、藤、棕、草制品业	0.2869	-0.0599	计算机、通信和其他电子设备制造业）	0.2806	-0.0803
家具制造业	0.2459	-0.1940	仪器仪表制造业	0.1476	-0.5164
造纸和纸制品业	0.3089	0.0125	其他制造业	0.3177	0.0412
印刷和记录媒介复制业	0.2421	-0.2067	金属制品、机械和设备修理业	0.2201	-0.2786
文教、工美、体育和娱乐用品制造业	0.1997	-0.3456	电力、热力的生产和供应业	0.4796	0.5719
石油加工、炼焦和核燃料加工业	0.4220	0.3831	燃气生产和供应业	0.3454	0.1320
化学原料和化学制品制造业	0.4085	0.3387	水的生产和供应业	0.3536	0.1589

由表 6-4 可知，经综合评价后 38 个工业部门中初始配额应适度上调的（$d1_i < 0$ 的部门）有 24 个部门，其中仪器仪表制造业，文教、工美、体育和娱乐用品制造业，铁路、船舶、航空航天和其他运输设备制造业，金属制品机械和设备修理业，医药制造业 5 个部门的上调比例最大；初始配额应适度下

调的（$dl_i > 0$）有 14 个部门，其中黑色金属冶炼和压延加工业，电力、热力的生产和供应业，烟草制品业，石油加工炼焦和核燃料加工业，化学原料和化学制品制造业 5 个部门的下调比例最大。当然，由于各部门能耗和碳排放基数不同，上调/下调比例最大的部门与上调/下调绝对量最大的部门并不重合，将在下文继续说明。

分析其原因，配额上调比例较大的部门中，仪器仪表制造业对节能减排的承受能力较弱、行业重要性不显著、新技术投入力度已经较大、单位经济产出能耗水平和碳排放水平均较低；文教、工美、体育和娱乐用品制造业，金属制品机械和设备修理业对节能减排的承受能力较弱、行业重要性不显著、单位经济产出能耗水平和碳排放水平均较低；铁路、船舶、航空航天和其他运输设备制造业新技术投入力度已在各部门中居于首位、单位经济产出能耗水平和碳排放水平均较低；医药制造业受绿色壁垒限制影响小、单位经济产出能耗水平和碳排放水平均较低。配额下调比例较大的部门中，黑色金属冶炼和压延加工业单位经济产出能耗水平和碳排放水平均较高、碳减排成本低；电力、热力的生产和供应业的行业重要性显著、新技术投入力度不足、化石能源占比高、碳减排成本在各部门中最低；烟草制品业对节能减排的承受能力强、新技术投入力度不足、碳减排成本较低；石油加工炼焦和核燃料加工业的新技术投入力度不足、碳减排成本较低；化学原料和化学制品制造业的碳减排成本低。

按照全国"十三五"规划的预计，至 2020 年国内生产总值将达到 92.7 万亿元，第三产业占比将从 2015 年末的 50.2% 上升至 2020 年末的 56%，按照 2011～2015 年我国三次产业变化的基本趋势，笔者预计 2020 年末工业增加值占三次产业比重将由 2015 年的 34.3% 下降至 30% 左右。2015 年，本章涉及的 38 个工业部门的终端能耗，加上部分能源加工中净损失能耗（加工所需的一次能源与加工生产的二次能源之间的差值，包括洗选煤、炼焦、火力发电、天然气液化等能源加工转换过程中的净损失等）共计 30.20 亿吨标准煤（电热当量法），终端能耗碳排放和加工转换碳排放累计 81.41 亿吨 CO_2e。按照全国"十三五"规划，"十三五"期间单位 GDP 能耗累计下降 15%，单位 GDP 碳排放累计下降 18%，考虑到工业部门能耗/碳排放累计下降率应高于各部门平均水平，假定至目标年（2020 年）末较基年（2015 年）工业部门能源强度和碳排放强度累计分别下降 18% 和 21%。按此目标，2020 年我国工业部门的用能权和碳排放权配额总量目标分别为 29.12 亿吨标准煤和 75.63 亿吨 CO_2e，由此可得到 $k1 = -0.0358$，$k2 = -0.0711$，各部门具体配额按此总量目标进行分解。

由于部门碳排放量增/降幅大于能源消费量增/降幅，设用能权调整系数为 $m1_e = 0.2$，碳排放权调整系数为 $m1_c = 0.4$，利用式 6 – 6 和式 6 – 7 可计算目标年（2020 年）各工业部门用能权和碳排放权的初始配额，如表 6 – 5 所示。

表6-5 工业部门用能权/碳排放权初始配额核算结果

部门	$EC(2015)_i$	$EC(2020)_i$	$\left[\dfrac{EC(2020)_i}{EC(2015)_i}-1\right] \times 100\%$	$CE(2015)_i$	$CE(2020)_i$	$\left[\dfrac{CE(2020)_i}{CE(2015)_i}-1\right] \times 100\%$
指标说明	终端+加工转换净损失能耗	终端+加工转换净损失用能权	2020年部门用能权较2015年能耗的变化幅度（%）	终端能耗+电力、热力生产碳排放	终端能耗+电力、热力生产碳排放权	2020年部门碳排放权较2015年碳排放的变化幅度（%）
煤炭开采和洗选业	9341.68	9897.22	5.95	7924.35	8280.23	4.49
石油和天然气开采业	3156.25	3261.38	3.33	4189.08	4265.85	1.83
黑色金属矿采选业	1021.18	1071.83	4.96	1575.48	1630.43	3.49
有色金属矿采选业	574.65	601.63	4.69	389.98	402.53	3.22
非金属矿采选业	876.01	926.92	5.81	1229.72	1283.25	4.35
农副食品加工业	3048.75	3218.64	5.57	5429.49	5652.67	4.11
食品制造业	1329.89	1433.08	7.76	1950.80	2074.33	6.33
酒、饮料和精致茶制造业	1182.90	1273.76	7.68	1993.38	2118.02	6.25
烟草制品业	133.03	127.61	-4.07	122.33	115.37	-5.69
纺织业	4181.81	4376.25	4.65	3160.13	3260.39	3.17
纺织服装、服饰业	520.15	564.40	8.51	543.62	582.18	7.09
皮革、毛皮、羽毛及其制品和制鞋业	339.50	368.41	8.51	326.96	350.17	7.10
木材加工和木、竹、藤、棕、草制品业	907.46	964.33	6.27	1452.02	1521.96	4.82

续表

部门	$EC(2015)_i$	$EC(2020)_i$	$\left[\dfrac{EC(2020)_i}{EC(2015)_i}-1\right]\times100\%$	$CE(2015)_i$	$CE(2020)_i$	$\left[\dfrac{CE(2020)_i}{CE(2015)_i}-1\right]\times100\%$
指标说明	终端+加工转换净损失能耗	终端+加工转换净损失用能权	2020年部门用能权较2015年能耗的变化幅度（%）	终端能耗+电力、热力生产碳排放	终端能耗+电力、热力生产碳排放权	2020年部门碳排放权较2015年碳排放的变化幅度（%）
家具制造业	206.54	224.89	8.88	193.65	208.13	7.48
造纸和纸制品业	2795.30	2931.04	4.86	3233.27	3342.63	3.38
印刷和记录媒介复制业	261.82	285.73	9.13	244.69	263.60	7.73
文教、工美、体育和娱乐用品制造业	261.54	292.51	11.84	377.73	417.32	10.48
石油加工、炼焦和核燃料加工业	19882.95	19411.18	-2.37	27122.29	26047.47	-3.96
化学原料和化学制品制造业	39646.12	39048.84	-1.51	67565.39	65482.58	-3.08
医药制造业	1630.99	1781.46	9.23	2297.20	2476.90	7.82
化学纤维制造业	1195.95	1263.00	5.61	1194.29	1243.79	4.14
橡胶和塑料制品业	2243.12	2386.81	6.41	1671.14	1753.98	4.96
非金属矿物制品业	29384.24	29410.38	0.09	61725.05	60822.97	-1.46
黑色金属冶炼和压延加工业	64984.80	57772.51	-11.10	179411.52	156394.37	-12.83

续表

部门	$EC(2015)_i$	$EC(2020)_i$	$\left[\dfrac{EC(2020)_i}{EC(2015)_i}-1\right]\times100\%$	$CE(2015)_i$	$CE(2020)_i$	$\left[\dfrac{CE(2020)_i}{CE(2015)_i}-1\right]\times100\%$
指标说明	终端+加工转换净损失能耗	终端+加工转换净损失用能权	2020年部门用能权较2015年能耗的变化幅度（%）	终端能耗+电力、热力生产碳排放	终端能耗+电力、热力生产碳排放权	2020年部门碳排放权较2015年碳排放的变化幅度（%）
有色金属冶炼和压延加工业	10440.69	10456.23	0.15	7060.99	6962.10	-1.40
金属制品业	2325.10	2472.75	6.35	1689.04	1771.82	4.90
通用设备制造业	2105.63	2289.75	8.74	2830.65	3038.23	7.33
专用设备制造业	1055.07	1149.66	8.96	1110.71	1194.66	7.56
汽车制造业	1757.06	1852.38	5.43	1398.54	1453.94	3.96
铁路、船舶、航空航天和其他运输设备制造业	552.25	612.25	10.86	613.37	671.57	9.49
电气机械和器材制造业	1266.72	1361.28	7.47	778.80	825.79	6.03
计算机、通信和其他电子设备制造业）	1423.09	1517.94	6.67	388.98	409.29	5.22
仪器仪表制造业	155.78	179.41	15.17	85.81	97.70	13.86
其他制造业	656.30	684.50	4.30	293.00	301.24	2.81
金属制品、机械和设备修理业	34.62	38.27	10.53	163.44	178.40	9.15

续表

部门	$EC(2015)_i$	$EC(2020)_i$	$\left[\dfrac{EC(2020)_i}{EC(2015)_i}-1\right]\times100\%$	$CE(2015)_i$	$CE(2020)_i$	$\left[\dfrac{CE(2020)_i}{CE(2015)_i}-1\right]\times100\%$
指标说明	终端+加工转换净损失能耗	终端+加工转换净损失用能权	2020年部门用能权较2015年能耗的变化幅度（%）	终端能耗+电力、热力生产碳排放	终端能耗+电力、热力生产碳排放权	2020年部门碳排放权较2015年碳排放的变化幅度（%）
电力、热力的生产和供应业	90137.20	84679.91	-6.05	421577.54	389099.65	-7.70
燃气的生产和供应业	415.04	425.52	2.53	216.63	218.83	1.01
水的生产和供应业	531.32	541.95	2.00	47.09	47.32	0.48

由表6-5可知，按照2020年工业部门能耗和碳排放量较2015年均有所下调的目标，从用能权初始配额方面，38个工业部门中5个部门的用能权绝对值较2015年能耗会有所下降，若以平均降幅 $k1$（-3.58%）为标准，下降幅度超过平均降幅的有3个部门，分别为黑色金属冶炼和压延加工业，电力、热力的生产和供应业，烟草制品业；从碳排放权初始配额方面，38个工业部门中7个部门的用能权绝对值较2015年碳排放量会有所下降，若以平均降幅 $k2$（-7.11%）为标准，下降幅度超过平均降幅的仅两个部门，分别为黑色金属冶炼和压延加工业与电力、热力的生产和供应业。这说明由于我国工业部门能耗和碳排放来源部门高度集中，在不考虑部门间碳排放转移的情况下，用能权和碳排放权配额控制的任务会集中于

2~3个部门完成，可能给部分提供能源和原材料的上游部门造成较大负担。

按照式6-8、式6-9、式6-10，在初始配额的基础上，参考工业部门历史碳排放转移情况进行配额补偿调整，计算用能权/碳排放权配额补偿调整因子 $d2_i$，由于前文中计算工业间碳转移时部门少于38类，按近似处理，对投入产出表中一个部门能指代多个小部门的情况，所有小部门碳转移取值一致，且因工业部门间接碳排放量占完全碳排放量的60%，而部门能源消费量增/降幅又大于碳排放增/降幅，取用能权补偿系数为 $m2_e = 0.6$，碳排放权补偿系数为 $m2_c = 0.3$，以上结果如表6-6所示。

表6-6 工业部门用能权/碳排放权配额历史性补偿调整结果

部门	$d2_i$	$EC(2020)_i'$	$\left[\dfrac{EC(2020)_i'}{EC(2015)_i} - 1\right] \times 100\%$	$CE(2020)_i'$	$\left[\dfrac{CE(2020)_i'}{CE(2015)_i} - 1\right] \times 100\%$
指标说明	用能权/碳排放权配额补偿调整因子	经补偿调整后的部门用能权	2020年部门用能权（补偿调整后）较2015年能耗的变化幅度（%）	经补偿调整后的部门碳排放权	2020年部门碳排放权（补偿调整后）较2015年碳排放的变化幅度（%）
煤炭开采和洗选业	1.5360	9550.58	2.24	7728.98	-2.47
石油和天然气开采业	0.2707	3069.30	-2.75	3882.74	-7.31
黑色金属矿采选业	-0.7464	987.74	-3.27	1452.95	-7.78

续表

部门	$d2_i$	$EC(2020)'_i$	$\left[\dfrac{EC(2020)'_i}{EC(2015)_i}-1\right]\times100\%$	$CE(2020)'_i$	$\left[\dfrac{CE(2020)'_i}{CE(2015)_i}-1\right]\times100\%$
指标说明	用能权/碳排放权配额补偿调整因子	经补偿调整后的部门用能权	2020年部门用能权（补偿调整后）较2015年能耗的变化幅度（%）	经补偿调整后的部门碳排放权	2020年部门碳排放权（补偿调整后）较2015年碳排放的变化幅度（%）
有色金属矿采选业	-0.7464	554.41	-3.52	358.70	-8.02
非金属矿采选业	-0.4895	858.83	-1.96	1149.81	-6.50
农副食品加工业	-0.4175	2986.55	-2.04	5072.27	-6.58
食品制造业	-0.4175	1329.97	0.01	1861.68	-4.57
酒、饮料和精致茶制造业	-0.4175	1182.11	-0.07	1900.88	-4.64
烟草制品业	-0.4175	118.31	-11.06	103.43	-15.45
纺织业	-0.5336	4050.63	-3.14	2918.32	-7.65
纺织服装、服饰业	-0.8479	519.33	-0.16	518.01	-4.71
皮革、毛皮、羽毛及其制品和制鞋业	-0.8479	338.99	-0.15	311.58	-4.70
木材加工和木、竹、藤、棕、草制品业	-0.7757	888.32	-2.11	1355.73	-6.63
家具制造业	-0.7757	207.24	0.34	185.47	-4.22
造纸和纸制品业	-0.2231	2730.45	-2.32	3011.37	-6.86
印刷和记录媒介复制业	-0.2231	266.22	1.68	237.52	-2.93
文教、工美、体育和娱乐用品制造业	-0.2231	272.57	4.22	376.07	-0.44

续表

部门	$d2_i$	$EC(2020)_i'$	$\left[\dfrac{EC(2020)_i'}{EC(2015)_i}-1\right]\times100\%$	$CE(2020)_i'$	$\left[\dfrac{CE(2020)_i'}{CE(2015)_i}-1\right]\times100\%$
指标说明	用能权/碳排放权配额补偿调整因子	经补偿调整后的部门用能权	2020年部门用能权(补偿调整后)较2015年能耗的变化幅度(%)	经补偿调整后的部门碳排放权	2020年部门碳排放权(补偿调整后)较2015年碳排放的变化幅度(%)
石油加工、炼焦和核燃料加工业	1.4199	18733.10	-5.78	24317.64	-10.34
化学原料和化学制品制造业	0.2059	36707.54	-7.41	59534.21	-11.89
医药制造业	0.2059	1673.91	2.63	2250.87	-2.02
化学纤维制造业	0.2059	1186.91	-0.76	1130.45	-5.35
橡胶和塑料制品业	0.2059	2242.95	-0.01	1594.10	-4.61
非金属矿物制品业	1.6355	28489.19	-3.05	56996.45	-7.66
黑色金属冶炼和压延加工业	2.3669	57156.79	-12.05	149740.27	-16.54
有色金属冶炼和压延加工业	2.3669	10281.97	-1.52	6623.60	-6.19
金属制品业	-0.9028	2271.92	-2.29	1574.18	-6.80
通用设备制造业	-0.7974	2109.10	0.16	2706.24	-4.40
专用设备制造业	-0.7974	1058.99	0.37	1064.15	-4.19
汽车制造业	-0.8580	1703.24	-3.06	1292.75	-7.56
铁路、船舶、航空航天和其他运输设备制造业	-0.8580	563.45	2.03	597.66	-2.56
电气机械和器材制造业	-0.9487	1249.80	-1.34	733.13	-5.86

续表

部门	$d2_i$	$EC(2020)_i'$	$\left[\dfrac{EC(2020)_i'}{EC(2015)_i}-1\right]\times100\%$	$CE(2020)'$	$\left[\dfrac{CE(2020)_i'}{CE(2015)_i}-1\right]\times100\%$
指标说明	用能权/碳排放权配额补偿调整因子	经补偿调整后的部门用能权	2020年部门用能权（补偿调整后）较2015年能耗的变化幅度（%）	经补偿调整后的部门碳排放权	2020年部门碳排放权（补偿调整后）较2015年碳排放的变化幅度（%）
计算机、通信和其他电子设备制造业	-0.9454	1393.52	-2.08	363.34	-6.59
仪器仪表制造业	-0.9184	165.03	5.94	86.91	1.28
其他制造业	-0.7547	630.63	-3.91	268.38	-8.40
金属制品、机械和设备修理业	-0.7547	35.29	1.93	159.09	-2.67
电力、热力的生产和供应业	7.4257	92697.58	2.84	412563.86	-2.14
燃气的生产和供应业	-0.2813	395.87	-4.62	196.88	-9.12
水的生产和供应业	-0.9265	497.28	-6.41	41.98	-10.85

按照式 6-11、式 6-12、式 6-13，在经补偿调整配额的基础上，参考工业部门未来碳排放转移变动情况进行配额修正调整，计算用能权/碳排放权配额修正调整因子 $d3_i$，取用能权修正系数为 $m3_e=0.6$，碳排放权修正系数为 $m3_c=0.3$，得到最终的部门配额，如表 6-7 所示。

表6-7　工业部门用能权/碳排放权配额趋势性修正调整结果

部门	$d3_i$	$EC(2020)_i^*$	$\left[\dfrac{EC(2020)_i^*}{EC(2015)_i}-1\right]\times100\%$	$CE(2020)_i^*$	$\left[\dfrac{CE(2020)_i^*}{CE(2015)_i}-1\right]\times100\%$
指标说明	用能权/碳排放权配额修正调整因子	经修正调整后的部门用能权	2020年部门用能权(修正调整后)较2015年能耗的变化幅度(%)	经修正调整后的部门碳排放权	2020年部门碳排放权(修正调整后)较2015年碳排放的变化幅度(%)
煤炭开采和洗选业	0.0423	9539.49	2.12	7710.93	-2.69
石油和天然气开采业	-0.0824	3057.44	-3.13	3862.75	-7.79
黑色金属矿采选业	0.4193	994.89	-2.57	1462.25	-7.19
有色金属矿采选业	0.4193	558.44	-2.82	361.01	-7.43
非金属矿采选业	0.3132	862.95	-1.49	1154.25	-6.14
农副食品加工业	-0.2560	2963.71	-2.79	5026.21	-7.43
食品制造业	-0.2560	1319.95	-0.75	1845.00	-5.42
酒、饮料和精致茶制造业	-0.2560	1173.20	-0.82	1883.84	-5.49
烟草制品业	-0.2560	117.34	-11.80	102.43	-16.27
纺织业	-0.0973	4033.62	-3.54	2902.29	-8.16
纺织服装、服饰业	-0.1678	516.40	-0.72	514.39	-5.38
皮革、毛皮、羽毛及其制品和制鞋业	-0.1678	337.07	-0.72	309.40	-5.37
木材加工和木、竹、藤、棕、草制品业	0.0154	886.80	-2.28	1351.79	-6.90

续表

部门	$d3_i$	$EC(2020)_i^*$	$\left[\dfrac{EC(2020)_i^*}{EC(2015)_i} - 1\right] \times 100\%$	$CE(2020)_i^*$	$\left[\dfrac{CE(2020)_i^*}{CE(2015)_i} - 1\right] \times 100\%$
指标说明	用能权/碳排放权配额修正调整因子	经修正调整后的部门用能权	2020年部门用能权(修正调整后)较2015年能耗的变化幅度(%)	经修正调整后的部门碳排放权	2020年部门碳排放权(修正调整后)较2015年碳排放的变化幅度(%)
家具制造业	0.0154	206.88	0.17	184.93	- 4.50
造纸和纸制品业	- 0.0827	2719.91	- 2.70	2995.88	- 7.34
印刷和记录媒介复制业	- 0.0827	265.21	1.30	236.32	- 3.42
文教、工美、体育和娱乐用品制造业	- 0.0827	271.55	3.83	374.18	- 0.94
石油加工、炼焦和核燃料加工业	- 0.2880	18572.03	- 6.59	24072.47	- 11.24
化学原料和化学制品制造业	0.0284	36656.49	- 7.54	59381.07	- 12.11
医药制造业	0.0284	1671.48	2.48	2244.93	- 2.28
化学纤维制造业	0.0284	1185.21	- 0.90	1127.49	- 5.59
橡胶和塑料制品业	0.0284	2239.72	- 0.15	1589.92	- 4.86
非金属矿物制品业	0.1116	28501.14	- 3.01	56957.24	- 7.72
黑色金属冶炼和压延加工业	0.1459	57242.96	- 11.91	149808.94	- 16.50
有色金属冶炼和压延加工业	0.1459	10293.56	- 1.41	6623.92	- 6.19
金属制品业	0.1163	2273.06	- 2.24	1573.23	- 6.86
通用设备制造业	- 0.0971	2100.40	- 0.25	2691.58	- 4.91

部门	$d3_i$	$EC(2020)_i^*$	$\left[\dfrac{EC(2020)_i^*}{EC(2015)_i}-1\right] \times 100\%$	$CE(2020)_i^*$	$\left[\dfrac{CE(2020)_i^*}{CE(2015)_i}-1\right] \times 100\%$
指标说明	用能权/碳排放权配额修正调整因子	经修正调整后的部门用能权	2020年部门用能权（修正调整后）较2015年能耗的变化幅度（%）	经修正调整后的部门碳排放权	2020年部门碳排放权（修正调整后）较2015年碳排放的变化幅度（%）
专用设备制造业	-0.0971	1054.62	-0.04	1058.39	-4.71
汽车制造业	-0.1605	1693.71	-3.61	1283.77	-8.21
铁路、船舶、航空航天和其他运输设备制造业	-0.1605	560.39	1.47	593.62	-3.22
电气机械和器材制造业	-0.1366	1243.53	-1.83	728.48	-6.46
计算机、通信和其他电子设备制造业）	0.2396	1397.97	-1.76	364.13	-6.39
仪器仪表制造业	0.0771	164.95	5.88	86.76	1.12
其他制造业	0.1011	630.76	-3.89	268.13	-8.49
金属制品、机械和设备修理业	0.1011	35.29	1.93	158.92	-2.77
电力、热力的生产和供应业	0.2135	92920.21	3.09	413133.15	-2.00
燃气的生产和供应业	-0.1581	393.66	-5.15	195.51	-9.75
水的生产和供应业	0.2946	499.62	-5.97	42.14	-10.51

　　将工业部门间碳排放转移因素纳入配额分配的考察范畴后，工业部门的用能权/碳排放权配额变化明显，在初始配额

分配时，由少数上游部门承担主要的超额减排任务的情况大为缓解。经初始配额补偿、修正调整后，从用能权最终配额方面，38个工业部门2020年用能权绝对值较2015年能耗下降的部门由初始配额时的5个部门增加到29个部门，大多数部门都达到了用能水平绝对值下降的效果，若以平均降幅 $k1$（-3.58%）为标准，下降幅度超过平均降幅的从仅有3个部门增加至8个部门，其中降幅最大的5个部门是黑色金属冶炼和压延加工业、烟草制品业、化学原料和化学制品制造业、石油加工/炼焦和核燃料加工业、水的生产和供应业；从碳排放权初始配额方面，38个工业部门2020年碳排放权绝对值较2015年碳排放量下降的部门由初始配额中的7个部门增加到37个部门，除仪器仪表制造业外，其他所有部门的碳排放权配额都有所削减，若以平均降幅 $k2$（-7.11%）为标准，下降幅度超过平均降幅的从仅有2个部门增加到15个部门，由于用能权与碳排放权的天然关联，其中降幅最大的5个部门与用能权降幅最大部门一致。

从配额补偿和配额修正的具体情况来分析，其一，由于工业部门间碳转移强度的历史性差异较未来一段时期内碳转移强度变动差异更为明显，历史性补偿对部门配额的影响要远大于趋势性修正对部门配额的影响，这一结论与我们直观的认知也较为吻合。其二，在部门碳转移中主要为其他部门提供上游产品，而承担更多的直接碳排放的部门——电力、热力的生产和供应业（所有工业部门中唯一直接碳排放强度高于引致碳排放强度的部门），在考虑到碳转移的影响下，削减碳排放的任务按照其他部门引发其直接碳排放增幅的情况，分解至其他工业部门，电力、热力的生产和供应业的用能权/碳排放权的绝对值的初始配额较 2015 年实际消费量和排放量分别下降了6.05% 和 7.70%，经考虑碳转移因素调整后，用能权配额较2015 年实际值增加 3.09%，碳排放权配额较 2015 年实际值仅下降 2.00%，缓解了电力、热力的生产和供应业的碳减排压力；但由于电力、热力的生产和供应业的能耗和碳排放总量水平较高，在其配额有所放宽的情况下，其他直接碳排放/引致碳排放水平较高的部门虽然按照配额补偿和修正调整因子，也应较初始配额有所上升（如黑色金属冶炼和压延加工业、有色金属冶炼和压延加工业），但由于电力、热力的生产和供应业配额上调量较大，在经部门配额总量平衡后，这些直接碳排放/引致碳排放水平次高的部门的配额仍会有所下调，只是相对其他部门来说下调的幅度收窄。其三，通过将部门碳转移量化至配额计算方案，下游部门因使用上游部门提供的电力、热力及其他中间产品而引发上游部门排放，因此应由下游部门承担的碳减排成本得到了相对科学的体现，由于在碳排放链上游的工业部门的配额被相对提升，下游部门的配额被进一步限制，下游部门必须通过用能权/碳排放权交易市场购买上游部门富余的用能或排放权益，同时这些上游部门的单位碳减排成本也相对较低，从而既实现了本研究提出的部门减排成本分担的目标，又实现了全社会减排成本的降低。

四　"用能权 + 碳排放权"双市场衔接机制讨论

对比用能权相关的节能量交易和碳排放权交易在我国的实际进展，2016 年国家发展改革委选择在浙江省、福建省、河南省、四川省开展试点工作，并计划于 2020 年视试点情况再考虑推广。而碳排放交易市场在我国的推行则较为活跃，自 2013 年启动碳排放交易试点以来，全国已在上海、北京、广东、深圳、天津、湖北、重庆 7 个省市建立试点碳市场。2017 年底已全面启动全国碳排放权交易市场，并将制定覆盖石化、化工、建材、钢铁、有色、造纸、电力和航空等 8 个工业行业中年能耗 1 万吨标准煤以上企业的碳排放权总量设定与配额分配方案，实施碳排放配额管控制度。①

相对于碳排放权交易学界建议已相对丰富的情况，本书仅重点给出如下用能权/节能量交易制度建立的技术、市场、监管方面的支撑制度建议。

1. 完善政策法规顶层设计

要推进用能权/节能量交易法规制度建设，出台推进用能权/节能量交易制度和市场建设的指导意见、管理办法、实施方案，在其中具体规定配额的测算方法、交易平台的规范、参

---

① 《国务院关于印发〈"十三五"控制温室气体排放工作方案〉的通知》（国发〔2016〕61 号）。

与交易对象的登记、注册制度、节能量审计制度、交易监管制度；出台相应的财税调节政策、奖惩办法，对突破配额又不进行平台交易的企业实施硬约束。

2. 建立标准和认证制度

由于用能权/节能量交易工作涉及较多的认证技术等专业性事务，用能权/节能量的计算关系着整个机制能否公正的运行，可考虑由政府机构配合行业协会出台相应的《用能权配额标准》《节能量认证标准》，并发展第三方认证机构进行数据收集、处理，签发交易工具（如节能证书）。同时，为使参与交易对象明确配额分配条件和交易机制，便于进行宣传和扩大影响，应制定出台工业部门细类用能权分配导则。

3. 设立用能权/节能量交易平台

不建议设立专门的独立用能权/节能量交易中心，可选择在相关部门配合的基础上，通过现有平台，如碳排放权交易所进行功能拓展，防止重复建设，并可考虑通过推进用能权/节能量交易进一步联动培育其他排放权交易市场。用能权/节能量交易平台主要建立数据库，为所有参与用能权/节能量交易的对象建立和维护账户，进行交易结算；对认证机构认证的节能量指标生成标识序列号，使其能在场内交易。此外，根据实际情况，也可能出现场外交易和拍卖等其他交易形式，交易平台只需要对用能权/节能量做好标识序列号，场外交易主体将交易结果按一定程序备案到交易平台，录入数据库即可；同时，交易平台也按交易对象要求可实施用能权/节能量交易拍卖。

4. 建立交易工具的周期滚动机制

综合年终考核、用能的季度差异、活跃市场和操作不过于烦琐的多方面需求，可以考虑以年为结算周期，以半年或季度为核算和签发周期，将配额进一步分割，对每周期实现的节能量都签发交易工具（如节能证书）。年终交易结束后，政府对部分企业富余未售出的交易工具以一定的保护价格回收。

5. 建立用能权/节能量交易的奖惩机制

政府对于超过能耗配额，且未通过用能权/节能量交易机制获取足够的用能权/节能量数额的单位，给予一定处罚，处罚金额必须大于其通过市场交易购买相应用能权/节能量的成本。对于超额完成削减能耗任务的单位，除通过出售多余交易工具或政府回收交易工具从而在市场上获利外，政府还可给予一定超额奖励。

6. 建立非用能责任主体的参与机制

为保证用能权/节能量交易市场具有必备的流动性，可鼓励节能服务公司参与到交易机制中，如广泛采用合同能源管理模式。节能服务公司的加入，可使企业获得专业的节能指导和改造，企业能专注于自身业务，而节能服务公司则获得证书参与交易。

从目前我国对这两个市场的推广政策力度来看，用能权/节能量交易更可能仅作为碳排放交易的补充政策出现。用能权/节能量交易和碳排放交易的控制目标在实质上较为接近，用能权/节能量控制参与对象的能源消费总量，碳排放交易控制参与对象主要为由能源消费引发的碳排放总量，可以说，现阶段两者的目标都是控制能源消费、提高能源消费效率。用能权/节能量交易可以视为前端控制手段，碳排放交易则可视为末端控制手段，这两者在控制目标、控制对象和调控手段上的重叠性，导致同时实施这两类交易政策必然会出现冲突和重复。因此，在"用能权/节能量 + 碳排放权"双市场衔接方面情况如下。

1. 双市场衔接的现实价值

采用双市场共同实现能源节约和碳排放减少的背景在于，一是由于两个交易制度的对象不完全重叠，理论分析认为，碳排放交易主要影响供给侧，而用能权/节能量交易则对供给侧和消费侧均有影响，同时，纳入用能权/节能量交易的电力供应商和分销商还会自发对其消费群体提供节能措施和节能服务，双交易市场的协调可以有效扩大政策的覆盖面。二是交易对象对两种政策的反应机制不同，用能权/节能量交易企业可以更多地采用节能技术改造的手段，而碳市场以碳排放量作为控制依据，会导致更多的企业采用新能源和低碳能源来替代化石能源，而这些新型能源的稳定性、安全性和相应的基础设施配套可能有不同要求，进而带来更大的社会成本，按照目前重点推广碳排放交易的政策走向，对电力等部分企业采用用能权/节能量交易制度介入碳排放市场，可在有效提高企业节能减排效力的情况下，降低可能面对的社会风险。三是两个交易制度的实施的市场效力不完全相同，根据国际学者的研究，尽管两个交易制度的目标类似，但其对市场环境的影响可能大相径庭，欧盟的实践表明，执行碳排放交易制度和用能权/节能量交易制度，对批发电力价格和可再生能源的投资两项指标的影响正好相反，碳排放交易导致批发电力价格上升、对可再生能源的投资增加，而用能权/节能量交易导致批发电力价格短期下降、对可再生能源的投资减少，因此混合使用两套交易制度可以作为应对市场冲击的缓冲剂。

2. 双市场衔接的主要途径

建议可探索建立以碳排放交易市场为主，部分纳入用能权/节能量交易的双市场兼容协调的交易机制。一是确保用能权/节能量交易的认证指标与碳排放减排指标不重复计算。由于节能和减排的效果往往是同时出现的，同一家企业如果被同时纳入两种交易体系，就很容易出现交叉计算问题，与其他只纳入一类交易体系的企业相比，易出现显失公平的情况。因此，在目前全国全面推进碳交易市场的前提下，建议仅对尚未纳入碳交易的企事业单位实施用能权/节能量交易登记，赋有节能和减排责任的企业可自行选择纳入某一种交易体系，若未来市场对接通畅，企业也可自行改变其纳入的交易体系类型。二是实现两种交易市场的平台通用。由于目前我国经过5年试点，碳排放交易市场已经相对完善，考虑到用能权/节能量交易更多地作为碳排放交易的补充，建议充分利用既有平台、相关机构和交易系统，将用能权/节能量交易纳入碳交易平台，减少平台建设的投资成本和管理成本。三是积极建设两个市场的指标互认和抵扣机制。通过一定的指标核算方法，在用能权/节能量交易的节能量指标和碳排放交易中的碳减排指标间设立转化系数，两者之间可以相互转化，可以互相抵扣参与交易对象的减排指标或者节能指标，难以自行完成相关节能/减排任务的企业，可根据市场供需情况自主选择抵扣指标搭配方式。若考虑以碳排放为主推进环境资源产权市场建设，则可对用能权/节能量交易抵扣的碳排放量设置一定限额，如上海市经计算，在2020年前通过节能量交易产生的指标占碳排放交易圈的2%~6%，研究人员建议按此设计限值比例。但也可以通过前期对参与单位的限制达到以碳排放市场为主、用能权/节能量交易为辅的效果，对具体的指标互相抵扣交易不作硬性限制。

3. 双市场衔接的其他障碍

用能权/节能量交易和碳排放交易联合使用，无论在政策实践中还是在理论探索中，都属于待探索的问题，目前主要的难点在于，一是政府和企业面临双市场选择时的管理成本问题。政府若同时推进两套交易机制的试点，那么应引导哪些类型的企业加入哪一类市场？企业在面临两套交易制度时，特别是在这两个市场都属于相对新生的事物的情况下，如何选择合适的市场加入？这些都会增加企业的交易成本和政府的管理成本。二是双市场指标互认的标准问题。本书提出的双市场指标互认和抵扣机制是实现两个市场同时运行的核心机制，但互认的标准如何形成，是由政府干预的话，那么干预的标准在哪里，还是完全依靠市场形成，如果完全由市场形成的话，是否会形成"合谋"等风险问题。三是学术界过于偏重理论构架，而忽视具体政策设计的问题。目前，学界对用能权/节能量交易机制或用能权/节能量与其他能效政策之间的互相作用的研究，大多对博弈主体、价格水平、政策效果等进行理论模型研究，但忽略了现实政策设计中最重要的配额分配、试点主体选择、配额抵扣、未履约处罚机制等，导致学界研究很难直接运用与现实的交易市场。本研究对用能权/碳排放交易的配额分配、试点主体选择进行了详细的定量设计，并考虑了工业部门间碳转移导致的减排成本分担要求，研究的结论可直接用于我国相关具体政策方案设计，但受项目负责人理论水平和实践经验限制，对配额抵扣、未履约处罚机制等仍处于初步探讨阶段，提出的相关建议还有待实践的检验和完善。

五 本章小结

通过市场手段（权益交易机制）自发地实现资源配置的最优分配是本研究提出的部门间减排成本分担机制的出发点，政府的作用在于在配额初始分配中，基于更为科学合理的原则确定总量目标并对行业间、企业间有更为公平的配额分配，同时尽量地促进交易成本的降低，部门碳减排的边际成本仅是配额设计的考虑因素之一，而部门间碳排放转移所导致的减排责任转移则是本研究认为更应在配额分配中考虑的关键因素。

（1）在碳减排经济市场型控制策略的选择中，本研究认为基于不增加显性税收的考量，现阶段科斯手段优于庇古手段；针对碳减排的主要科斯规制政策中，用能权/节能量交易由于数据的可获得性强、对象更明确，在实际操作中优于碳排放权交易机制，但从国际气候政策的要求、我国碳减排政策连续性上考虑，未来我国只能发展以碳排放权市场为主导、用能权/节能量交易为辅助的碳减排市场体系，以碳排放和能耗为控制对象的两类市场在同时运行中，需要克服指标不重复核算、交易平台对接、指标互认与抵扣、管理成本优化等问题。

（2）我国从 2018 年正式启动全国碳排放交易市场，从达到一定能耗规模的发电行业开始逐步实施，预计覆盖碳排放配额 30 多亿吨。本章将受控行业扩展到我国全部工业门类，对整个工业部门的配额目标总量进行了设定和分配，认为 2020 年我国全部工业部门预计能耗（含能源加工中净损失能耗）总配额 29.12 亿吨标准煤，碳排放总配额 75.63 亿吨，研究结论可为全国碳市场的进一步扩展提供思路和参考。

（3）针对近年来我国碳交易试点市场中以"祖父式"分配法和基线式分配法为主的配额方案，本研究认为这些分配手段更适合于目前市场中行业内企业间分配，而针对进一步市场扩展至所有工业部门的情况，本章提出了部门间综合评价分配法。综合评价因子包括行业效益、行业重要性、新技术投入、绿色壁垒、能源消费、碳减排六个方面的评价指标，对承受能力强、重要性强、新技术投入力度不足、出口贸易比例高、能源强度和碳强度高、清洁能源占比低和碳减排本低的部门，适度下调配额，与以往类似研究以碳的影子价格作为核心要素确定部门配额不同，本研究认为碳减排成本仅是综合评价体系的要素之一，其权重占比对其他要素也不占优势，部门配额不是简单的边际成本优化的结果，而是对部门发展前景、经济运行影响、能源安全和碳排放履约综合考虑的结果。经初始配额调整后，相对于按总量目标各部门以平均强度减排的结果，有仪器仪表制造业，文教、工美、体育和娱乐用品制造业，铁路、船舶、航空航天和其他运输设备制造业等 24 个部门应上调配额；有黑色金属冶炼和压延加工业，电力、热力的生产和供应业，烟草制品业等 14 个部门应下调配额。由于按相关规划测算，2020 年我国工业部门的能耗和碳排放总量较 2015 年均应有所下降，以平均减排比例为基准，能耗配额下降幅度超过基准的有黑色金属冶炼和压延加工业，电力、热力的生产和供应业，烟草制品业 3 个部门；碳排放配额下降幅度超过基准的有黑色金属冶炼和压延加工业、电力、热力的生产和供应业 2 个部门。这意味着由于我国工业部门的能源消费和直接碳排放高度集中于少数产业链上游部门，再未考虑部门间碳排放转移调整的前提下，碳减排责任也会高度集中于少数原材料生产和能源供应部门。

（4）纳入工业部门间经中间产品传导的碳排放转移因素，经历史性配额补偿和趋势性配额修正后，工业部门用能权/碳排放权的调整极为明显，传导型高碳部门为表观高碳部门承担了更多的碳减排责任，碳减排责任不再高度集中于电力行业，而是向下游使用了更多碳排放较高的中间产品的部门扩散，按照最终产品碳排放的思路实施工业部门碳排放配额调整，较仅按照部门直接碳排放进行配额设计，更符合分类管理和责任共担的要求。经部门间碳转移现状补偿和未来（预测）修正后，由于占能源消费量和碳排放量比重最大的电力、热力生产和供应业配额向上浮动，其他所有部门的配额均有所下降（由于电力行业占比过高，其他的如采掘业、石油加工等行业虽然也属表观高碳部门，按照碳转移调整思路配额应有所提高，但在电力行业提高的大背景下，这些部门体现为调整后下降的幅度缩小），能源消费和碳排放控制任务更多地被工业各部门共同分担。其中，按照 2020 年较 2015 年平均减排比例为基准，能耗配额下降幅度超过基准的从 3 个部门增加至 8 个部门，碳排放配额下降幅度超过基准的从 2 个部门增加至 15 个部门，基本实现了节能减排任务的（削减）配额共担和（经交易后）成本共担。

（5）相对于碳排放市场，用能权/节能量交易市场在我国还属于试点探索阶段，需要重视政府推动和引导，引入第三方治理机制，使第三方机构在信息中介、项目策划、交易撮合、节能审计和认证等流程中发挥更多的作用。在充分吸收国际经验的基础上，构建适合国情的制度体系，包括市场参与主体的选择标准、配额分配制度、节能审核标准、证书或类似的产品签发流程、二级市场交易方法、市场管理制度，并为用能权/节能量交易提供基本的信息化平台。节能量交易中引入了市场机制的力量，并不意味着政府将脱离在体系之外，相反，政府发挥着相当重要的作用，不仅掌握着能耗总量和配额分配办法的制定权力（这是用能权/节能量市场能够形成有效激烈、优化配置资源效用的基础），同时还需要提供具备政府信用的统一、高效的交易市场平台。政府需要扮演规则制定者、市场组织者和监督者的角色，协同相关的研究结构制定各类标准，并推动建立第三方机构管理制度，实现由第三方实施能耗认定、测量、组织交易、拍卖的公平公正体系，坚持建设"以实现能耗总量约束为目标，以提高交易效率降低交易成本为核心，以保证交易透明化和降低信息不对称为重点"的管理制度。此外，基于市场的能源消费控制机制应当与对能效的直接投资相挂钩，单独依靠价格信号来完成能耗总量控制是非常困难的，例如电力需求弹性很低，过高的能源价格可能造成难以被消费者接受的情况，成功的用能权/节能量交易市场机制是通过市场运作，使企业有再投资于节能技术改造或引进的动力，而对于政府，无论是对初始配额进行分配或者拍卖，政府是代表全社会向企业出让权益，因此其配售收益应用于提高全社会能效等方面。

第七章

结论与展望

产业部门是中国碳排放的主导部门,而工业部门碳排放又占据了产业部门碳排放的绝大比例,工业碳排放的控制效力决定了中国未来碳减排目标的可达性。相对于生活消费低碳化,从产业部门角度实施碳减排对象明确、操作性强、总体减排成本较低,因此设计科学、公平、可持续的产业部门碳减排机制是具备学术生命力和现实需求的研究课题。

一 研究结论

本书首先对中国碳排放的总体现状、分区域/部门碳排放总量、结构及其未来分区域/部门碳排放发展规律进行了分析,然后在此基础上基于投入产出模型实施了工业部门碳转移路径分析及分类评价,并采用双比例平衡分析技术预判了未来工业部门间碳转移强度变化趋势,最后使用工业部门碳转移现状和预测结果优化用能权/碳排放权的配额设计（最关键的机制环节），提出了考虑到部门间碳转移引发减排责任转移情境下，采用市场化机制实现部门间减排成本分担的机制设计，并对现行在我国主要实施的用能权和碳排放权两类权益交易市场的衔接机制进行了探讨，主要的研究结论归纳如下。

（1）目前我国碳排放涉能耗、非能耗多类排放形式，从排放来源分，能耗碳排放占主导地位，从排放贡献分，工业部门碳排放占绝大比例，我国碳排放版图中各大区域板块相对趋同但又各有特点，未来减排政策设计应以工业碳排放为核心对象。①我国（大陆地区且不含西藏）碳排放总量约为 118.51 亿吨 CO_2e。②按碳排放来源分，能耗碳排放（中间值）约为 92.49 亿吨 CO_2e，占总量的 78.04%，其中，终端能耗碳排放约 49.35 亿吨 CO_2e，占能耗碳排放量的 54.04%，能源加工转换碳排放 41.97 亿吨 CO_2e（其中火电生产占 86.86%），占能耗碳排放量的 45.96%，这也是部门间碳排放责任转移的主要源头；工业过程碳排放约为 26.03 亿吨 CO_2e，占总量的 21.96%，其中又以水泥和钢铁生产过程碳排放为主，分别占工业过程碳排放的 47.13% 和 45.75%。③按碳排放区域分，我国能耗碳排放量最大的区域是华东地区和华北地区，这两个地区的排放量占全国的 51.86%；燃煤排放是能耗碳排放的主要来源，占能耗碳排放总量的 80.38%；华北地区和西北地区燃煤碳排放比例明显高于全国平均水平，华南地区和西南地区燃油碳排放比例明显高于全国平均水平。④按碳排放部门分，工业部门碳排放总量（含工业过程碳排放）约 100.50 亿吨 CO_2e，占全国碳排放总量的 84.80%，其中终端能耗碳排放占工业碳排放量的 32.34%，能源加工转换碳排放占工业碳排放量的 41.76%，工业过程碳排放占工业碳排放量的 25.90%；其他部门的碳排放来源主要为能耗碳排放，按能耗碳排放统计，工业部门，交通运输、仓储和邮政业，城镇生活消费是能耗碳排放占前三的部门，分别占全国能耗碳排放总量的 81.55%、7.71%、2.75%。

（2）中国在 2030 年前完成碳排放总量达到峰值和碳排放强度较 2005 年下降 60%~65% 的目标可达，终端能耗、能源加工转换和工业过程三类排放源中未来能源加工转换碳排放可能率先达峰，工业部门能耗碳排放是碳排放达峰控制的关键，而工业过程碳排放是达峰后远景碳排放控制的主要目标；东部发达区域、中部区域和西部西区三大区域板块中，东部区域可能率先达峰，未来中部区域将成为碳排放贡献最大的区域。受数据所限，本研究以长江经济带为案例进行 LEAP 建模预测。①目前长江经济带碳排放总量 41.61 亿吨 CO_2，占全国碳排放总量的比例超过 1/3。②按照基准情景估计，长江经济带碳排放碳排放峰值约为 57 亿吨 CO_2，碳排放强度较 2015 年累计下降超过 45%（估算较 2005 年碳排放强度累计下降超过 63%）；当前，东部发达区域是经济带碳排放总量最大区域，但未来中部区域将取代东部区域成为碳排放量最大区域。③工业、第三产业、火力发电、水泥生产和钢铁生产是长江经济带 2030 年前碳排放控制的关键部门，2016～2030年工业碳排放占排放总量的比例仍将居高不下（占72%～84%），供电为主导致的能源加工转换碳排放可能在2025年前即可达到峰值，而更符合经济发展趋势的HA-LI（高调整低增长）情景对工业碳排放削减力度大，但对城镇居民排放增长控制相对乏力。④当前化石能源燃用碳排放超过长江经济带碳排放总量的75%，至2030年也将占到70%左右，能耗碳排放始终是碳减排控制的核心对象，而工业过程碳排放与能源效率、消费结构均无关，仅取决于生产工艺的提升，属于远景的主要控制对象。

（3）产业部门间中间产品/服务的流动造成了碳排放和减排责任在部门间的转移，对目前中国工业部门碳转移强度和主要转移路径的测算表明，按最终需求锚定的完全碳排放很大部分来源于引致碳排放，工业部门碳排放由电力行业流向其他部门，由采掘业流向流程制造业和离散制造业，因此有必要实施部门碳减排分类控制和责任共担。①中国工业部门直接碳排放强度和完全碳排放强度较高的部门基本相同，主要是电力、热力的生产和供应业，金属冶炼及压延加工业，非金属矿物制品业等，但从排放量上分析，完全碳排放量和直接碳排放量较高的部门则差异显著，即从直接碳排放抑或从最终产品关联碳排放量来讨论控制部门会有较大分歧，碳减排目标的设定需要考虑部门间碳转移导致的公平问题。②23个工业部门按照直接碳排放、引致碳排放强度，可分为：电力、热力的生产和供应业，金属冶炼及压延加工业，化学工业等6个全过程高碳部门；煤炭开采和洗选业、石油加工炼焦及核燃料加工业、石油和天然气开采业等5个表观高碳部门；水的生产和供应业、金属制品业、电气机械及器材制造业等5个传导型高碳部门；其他7个低碳部门。针对不同类型的部门，应分别侧重采用提高碳效率、推动源头减量化等不同的减排手段。③是否剔除进出口贸易影响对估计中国工业部门进出口隐含碳盈亏具有显著影响，经剔除进出口影响修正后，对工业部门完全碳排放量的高估从32.44%下降至5.72%（仍有一定高估说明，进口品均匀地满足中间需求和最终需求的假设并不完全成立，前者应高于后者）。在以国内而非国外各工业部门碳排放因子为核算条件时，中国工业部门通过进出口贸易削减了相当于全部工业部门完全碳排放量的4.09%，纺织业，电气机械及器材制造业，通信设备、计算机及其他电子设备制造业等部门碳出口贡献（相当于帮助其他国家碳减排）较大；金属矿采选业、石油和天然气开采业、金属冶炼及压延加工业等部门碳进口贡献（相当于减少了国内碳排放）较大。④对工业部门间506条碳转移路径进行分析，可遴选出碳转移强度前10%的主要碳转移路径，包括电力、热力的生产和供应业流向其他工业部门，采掘业流向流程制造业再流向离散制造业，采掘业流向离散制造业，以及流程制造业之间的碳主要转移路径。在同一主要碳转移路径上的部门，如煤炭开采和洗选业与石油加工炼焦及核燃料加工业之间，石油加工/炼焦及核燃料加工业和化学工业之间，非金属矿物制品业与通信设备、计算机及其他电子设备制造业之间可形成部门碳减排组团，设计协同减排措施。

（4）中国工业部门低碳转型具有内部驱动力，减排政策干预大大加快了工业部门的低碳化进程，未来工业部门间碳转移关联随经济平稳增长会发生变化，部门减排政策的设计也因此需要一定的前瞻性。在中间投入/需求结构和部门经济增长双平稳假设的条件下，预估了 2017 年中国投入产出表结构：①在无控制策略情景下，23 个工业部门的平均完全碳排放强度下降 0.88%，这说明即使不进行政策干预，未来工业部门也会自发出现高碳部门间关联削弱、低碳部门间关联提升的结构优化趋势；但由于工业部门经济总量的大幅提升，此情景假设工业碳效率在 2010～2017 年无任何提高，那么 2017 年工业部门完全碳排放量将较 2010 年提高接近 90%，这一碳排放增幅难以被减排要求接受。②在按相关规划减排情景下，若完成规划中各工业部门直接碳排放强度削减目标，那么 23 个工业部门直接碳排放强度累计下降 22%～30%，引致碳排放强度累计下降 27%～52%，完全碳排放强度累计下降 30%～50%；此情景下 2017 年工业部门完全碳排放量较 2010 年提高约 16%，对控制工业碳排放总量显示出积极效果，完全碳排放量增幅的迅速降低也意味着工业部门在 2030 年前碳排放达峰目标可期。③在可预见的未来，随着产业结构的更替，我国工业部门间碳关联强度也会随之变动，2017 年完全碳排放强度最高的部门中，交通运输设备制造业将占据榜首，化学工业和食品制造及烟草加工业 2 个部门将进入前 5 名部门，而石油加工/炼焦及核燃料加工业、燃气的生产和供应业 2 个部门的完全碳排放强度降幅最小，控制力相对最弱；对体现下游部门会传导引发上游部门碳排放的引致碳排放强度的分析显示，电力、热力的生产和供应业，水的生产和供应业，金属制品业等部门未来依然将是引致碳排放强度最大的部门，但非金属矿物制品业引发其他部门碳排放的效力会明显提高。

（5）工业部门间减排成本分担可通过市场化的政策设计和运行来实现，其中科斯规制的交易手段在碳减排机制中更易操作，确保用能权/碳排放权交易长效性的核心是配额的科学性，研究中对 2020 年我国用能权和碳排放权配额进行分工业部门核算，认为配额设计既要顾及部门发展、技术效率和减排成本等综合性因素，又应充分考虑到部门间碳转移带来的责任分担要求。①比较庇古和科斯规制手段，现阶段产权交易政策优于税收政策，产权交易手段中用能权交易在操作上又优于碳排放权交易，但根据我国政策实践的现实情况，未来会建立并完善以碳排放权为主体的全国交易市场。②相对于目前"祖父式"分配方式易于出现"鞭打快牛"，而基线式分配方式更适用于同行业企业配额分配的情况，本研究认为对于部门初始配额的分配，应在尊重历史使用量/排放量的基础上，对行业效益、行业重要性、新技术投入、绿色壁垒、能源消费和碳减排 6 个方面的指标进行综合考量和调整，部门碳边际减排成本仅是综合评价体系中的因素之一，而非核心因素。③经综合评价体系调整后，参照按未来能耗/碳排放量规划目标的平均调整幅度，38 个工业部门中有仪器仪表制造业，文教、工美、体育和娱乐用品制造业，铁路、船舶、航空航天和其他运输设备制造业等 24 个部门的初始配额应适度上调；黑色金属冶炼和压延加工业，电力、热力的生产和供应业，烟草制品业等 14 个部门的初始配额应适度下调。2020 年，我国工业部门用能权配额（含加工过程净损失能）总量为 29.12 亿吨标准煤，碳排放权配额总量为 75.63 亿吨 CO_2e，电力、热力的生产和供应业，黑色金属冶炼和压延加工业，化学原料和化学制品制造业是初始配额最高的 3 个部门。④部门间碳转移造成的减排责任转移应纳入配额调整因素范畴，以直接碳排放强度与引致碳排放强度之比作为历史性配额补偿的核心指标，以完全碳排放强度累计下降率与直接碳排放强度累计下降率为趋势性（未来性）配额修正的核心指标，则经过考察碳转移因素补偿和修正后，相比于 2015 年，2020 年用能权配额下降幅度超过平均降幅的部门由 3 个增加至 8 个，碳排放权配额下降幅度超过平均降幅的部门由 2 个增加至 15 个。经碳转移调整后，电力、热力的生产和供应业等上游部门的配额得到适度提升，未来我国用能权配额/碳排放权配额削减任务由集中为 2～3 个部门承担的情况得以改变，基本实现由产业链所有有相关减排责任的部门集体共担。

（6）用能权和碳排放权交易两类与碳减排相关的环境权益市场在我国均进行了数年的试点，从政策的推进力度分析，未来我国会构建以碳排放交易为主体、用能权交易为补充的交易体系，由于这两者在调控对象和目标上的重叠性，在同步启动试点的情况下应讨论双市场衔接机制的设计问题。①碳排放权交易在学界的讨论已日渐丰满，而用能权交易的完善则仍有待摸索，用能权交易可与目前试点的节能量交易统一实施，未来应在顶层设计、标准和认证制度、平台建设、交易工具、奖惩机制和非用能责任主体参与方面进一步完善支撑制度，同时由于仅依靠价格信号来完成能耗的总量控制勉为其难，应将用能权/节能量机制与对能效的直接投资相挂钩。②由于用能权和碳排放权两个交易制度对供给侧、需求侧的影响不同，交易对象的反应机制不同，交易制度的市场效力不完全相同，通过"用能权＋碳排放权"双交易市场衔接共同实现节能减排目标有其合理性。双市场衔接的主要途径在于避免指标重复计算、实现平台通用和一定比例下的指标互认和抵扣；双市场衔接的主要障碍在于如何降低企业交易成本和政府管理成本、指标互认标准如何形成，而且具体可操作的同步实施机制还待进行试点和推广。

二 研究展望

本研究系统性地分析了我国碳排放的分区域、分部门、分来源排放总量和排放结构差异，并采用 LEAP 模型分情景预测了 2016～2030 年碳排放演变趋势，论证了工业部门在当前和可期的未来，在完成我国碳排放达峰和强度削减任务中的主导地位。基于上述背景，本研究采用修正的投入产出分析法和RAS 技术，对我国工业部门间/进出口过程的碳转移强度、结构、总量进行了深入分析，针对中间产品型部门、最终需求型部门的不同特点，从直接、引致、完全碳排放强度方面将工业部门分为全过程、表观、传导型三类高碳部门并提出分类减排建议；从"国内工业部门—最终需求—出口"的非加工贸易和"初级产品进口—国内部门生产—出口"加工转口贸易层面，分析了工业部门进出口的碳盈亏情况；从能源转化流动和物质资料流动角度，提出目前工业部门间存在"电力部门—其他工业部门"和"采掘业—流程制造业—离散制造业"之中的关键碳转移路径；同时在双平稳假设下，对我国工业部门未来的碳转移关联变动进行了预测。研究认为部门碳转移是促成部门减排责任和成本分担的基础，而市场化权益交易制度是实现部门间责任和成本分担的具体机制，并深入讨论了用能权/碳排放权交易的配额设计，提出了双市场衔接建议。但本书写作时类似以工业部门间碳转移为研究对象的文献报告还相对有限，相关参考资料并不充足，同时由于研究组人力、物力和时间所限，未来仍有不少相关研究领域有待深入和拓展。

中国碳排放的演变规律与中国经济大周期、产业转型进度息息相关，按照 2030 年达到碳排放峰值的要求，结合新常态下经济增速"L"型筑底的趋势，未来一段时期内我国碳排放将进入总量加速趋缓、强度稳定下降的前拐点期，因此碳排放相关研究热点也将随大周期的变化而迅速切换。一方面，新的碳排放周期中，工业能耗和碳排放的驱动因素较过去 20 年间城镇化、工业化加速推进时期可能发生显著转变，这直接影响到现行碳排放控制政策效力的持续性和未来政策的改进方向，本文提出的政策建议也有待新时期理论的创新和实践的检验。另一方面，本研究的方法和数据基础是投入产出分析，在过去的研究中，投入产出表结构由于在中期基本稳定，其滞后性（一般发布要较现实时间晚 3 ~ 4 年）对现状评价与未来趋势预测的影响尚可接受，但未来碳排放的周期规律变化，对预测时情景故事的设计和把握提出了更高的要求。本研究中采用的双平稳假设得到的相关结论，在未来中国经济增长和碳排放变动规律进一步明晰的条件下，也有持续研究、改进和修正的空间。

参考文献

鲍健强、苗阳、陈锋：《低碳经济：人类经济发展方式的变革》，《中国工业经济》2008 年第 4 期。

曹广喜、刘禹乔、周洋：《中国制造业发展与碳排放脱钩的空间计量研究——四大经济区分析》，《科技管理研究》2015 年第 21 期。

曹淑艳、谢高地：《中国产业部门碳足迹流追踪分析》，《资源科学》2010 年第 11 期。

查建平、唐方方、郑浩生：《什么因素多大程度上影响到工业碳排放绩效——来自中国（2003～2010）省级工业面板数据的证据》，《经济理论与经济管理》2013 年第 1 期。

陈诗一：《工业二氧化碳的影子价格：参数化和非参数化方法》，《世界经济》2010 年第 8 期。

陈诗一：《节能减排与中国工业的双赢发展：2009～2049》，《经济研究》2010 年第 3 期。

陈诗一：《中国碳排放强度的波动下降模式及经济解释》，《世界经济》2011 年第 4 期。

陈文颖、高鹏飞、何建坤：《用 MARKAL – MACRO 模型研究碳减排对中国能源系统的影响》，《清华大学学报》（自然科学版）2004 年第 3 期。

陈晓红、胡维、王陟昀：《自愿减排碳交易市场价格影响因素实证研究——以美国芝加哥气候交易所（CCX）为例》，《中国管理科学》2013 年第 4 期。

陈欣、刘明、刘延：《碳交易价格的驱动因素与结构性断点——基于中国七个碳交易试点的实证研究》，《经济问题》2016 年第 11 期。

程施：《中国工业部门二氧化碳减排成本研究》，大连理工大学论文，2011。

戴洁：《上海集成电路制造业碳排放特征及减排路径》，《环境科学与技术》2013 年第 7 期。

邓明翔、李巍：《基于 LEAP 模型的云南省供给侧结构性改革对产业碳排放影响情景分析》，《中国环境科学》2017 年第 2 期。

邓晓兰、鄢哲明、武永义：《碳排放与经济发展服从倒 U 型曲线关系吗——对环境库兹涅茨曲线假说的重新解读》，《财贸经济》2014 年第 2 期。

杜增华、陶小马：《欧盟可交易节能证书制度及其对中国节能降耗的启示》，《经济问题探索》2011 年第 10 期。

樊纲、苏铭、曹静：《最终消费与碳减排责任的经济学分析》，《经济研究》2010 年第 1 期。

冯悦怡、张力小：《城市节能与碳减排政策情景分析——以北京市为例》，《资源科学》2012 年第 3 期。

郭朝先：《中国二氧化碳排放增长因素分析——基于 SDA 分解技术》，《中国工业经济》2010 年第 12 期。

国涓、刘长信：《中国工业部门的碳排放：影响因素及减排潜力》，《资源与生态学报》（英文版）2013 年第 2 期。

何介南、康文星：《湖南省化石燃料和工业过程碳排放的估算》，《中南林业科技大学学报》2008 年第 5 期。

何维达、张凯：《我国钢铁工业碳排放影响因素分解分析》，《工业技术经济》2013 年第 1 期。

何小钢、张耀辉：《中国工业碳排放影响因素与 CKC 重组效应——基于 STIRPAT 模型的分行业动态面板数据实证研究》，《中国工业经济》2012 年第 1 期。

胡剑波、郭风：《中国进出口产品部门隐含碳排放测算——基于 2002～2012 年非竞争型投入产出数据的分析》，《商业研究》2017 年第 5 期。

黄国华、刘传江、李兴平：《长江经济带工业碳排放与驱动因素分析》，《江西社会科学》2016 年第 8 期。

黄国华、刘传江、赵晓梦：《长江经济带碳排放现状及未来碳减排》，《长江流域资源与环境》2016 年第 4 期。

黄鑫、陶小马、邢建武：《两种节能政策工具的效率比较分析》，《财贸经济》2009 年第 7 期。

姜克隽：《征收碳税对 GDP 影响不大》，《中国投资》2009 年第 9 期。

蒋金荷：《中国碳排放量测算及影响因素分析》，《资源科学》2011 年第 4 期。

康俊杰、蒯文婧、李军等：《山东半岛蓝色海洋经济发展低碳效果分析》，《城市发展研究》2012 年第 12 期。

R. 科斯、A. 阿尔钦、D. 诺斯等：《财产权利与制度变迁》，上海人民出版社，1996。

李长胜、范英、朱磊：《基于两阶段博弈模型的钢铁行业碳强度减排机制研究》，《中国管理科学》2012 年第 2 期。

李建豹、黄贤金：《基于空间面板模型的碳排放影响因素分析——以长江经济带为例》，《长江流域资源与环境》2015 年第 10 期。

李健、王铮、朴胜任：《大型工业城市碳排放影响因素分析及趋势预测——基于 PLS – STIRPAT 模型的实证研究》，《科技管理研究》2016 年第 7 期。

李蒙、胡兆光：《国外节能新模式及对我国能效市场的启示》，《电力需求侧管理》2006 年第 5 期。

李陶、陈林菊、范英等：《基于非线性规划的我国省区碳强度减排配额研究》，《管理评论》2010 年第 6 期。

李婷、李成武、何剑锋：《国际碳交易市场发展现状及我国碳交易市场展望》，《经济纵横》2010 年第 7 期。

李小平、卢现祥:《国际贸易、污染产业转移和中国工业CO_2排放》,《经济研究》2010年第1期。

李远、朱磊:《白色证书与碳市场关系研究及启示》,《中国能源》2014年第1期。

李志强、刘春梅:《碳足迹及其影响因素分析——基于中部六省的实证》,第六届中国科技政策与管理学术年会,2010。

栗新巧、张艳芳、刘宏宇:《陕西省碳排放影响因素及其区域分异特征》,《水土保持通报》2014年第4期。

林伯强、蒋竺均:《中国二氧化碳的环境库兹涅茨曲线预测及影响因素分析》,《管理世界》2009年第4期。

刘红、唐元虎:《外部性的经济分析与对策——评科斯与庇古思路的效果一致性》,《南开经济研究》2001年第1期。

刘强、庄幸、姜克隽等:《中国出口贸易中的载能量及碳排放量分析》,《中国工业经济》2008年第8期。

刘清欣:《河南省能源行业碳足迹在产业间传递路径研究》,《水电能源科学》2011年第9期。

刘祥霞、王锐、陈学中:《中国外贸生态环境分析与绿色贸易转型研究——基于隐含碳的实证研究》,《资源科学》2015年第2期。

刘晓、熊文、朱永彬等:《经济平稳增长下的湖南省能源消费量及碳排放量预测》,《热带地理》2011年第3期。

刘晓辉、闫二旺:《能源与产业结构调整下我国工业碳排放峰值调节机制研究》,《工业技术经济》2016年第12期。

卢娜、冯淑怡、孙华平：《江苏省不同产业碳排放脱钩及影响因素研究》，《生态经济》（中文版）2017年第3期。

吕肖婷：《东北老工业基地碳排放与经济增长关系的实证分析》，《经济论坛》2017年第12期。

雒晓娜：《投入产出系数的修订及其多目标优化模型应用研究》，大连理工大学硕士学位论文，2005。

马向前、任若恩：《中国投入产出序列表外推方法研究》，《统计研究》2004年第4期。

潘家华：《经济要低碳，低碳须经济》，《华中科技大学学报》（社会科学版）2011年第2期。

彭江颖：《珠江三角洲植被对区域碳氧平衡的作用》，《中山大学学报》（自然科学版）2003年第5期。

蒲军军：《浅谈碳排放交易与节能量交易间的衔接》，《上海节能》2016年第9期。

齐静、陈彬：《城市工业部门脱钩分析》，《中国人口·资源与环境》2012年第8期。

齐绍洲、王班班：《碳交易初始配额分配：模式与方法的比较分析》，《武汉大学学报》（哲学社会科学版）2013年第5期。

钱明霞：《产业部门关联碳排放及责任的实证研究》，江苏大学论文，2015。

秦海岩、张华、李承曦：《欧洲的节能量认证机制》，《节能与环保》2010年第6期。

秦少俊、张文奎、尹海涛：《上海市火电企业二氧化碳减排成本估算——基于产出距离函数方法》，《工程管理学报》2011 年第 6 期。

邱立成、韦颜秋：《白色证书制度的发展现状及对我国的启示》，《能源研究与利用》2009 年第 6 期。

任建兰、徐成龙、陈延斌等：《黄河三角洲高效生态经济区工业结构调整与碳减排对策研究》，《中国人口·资源与环境》2015 年第 4 期。

任烁：《重庆制造业低碳增长的影响因素研究》，《科技和产业》2017 年第 4 期。

邵帅、张曦、赵兴荣：《中国制造业碳排放的经验分解与达峰路径——广义迪氏指数分解和动态情景分析》，《中国工业经济》2017 年第 3 期。

沈源：《中国工业对外贸易隐含碳的测算及其增量的结构分解——基于投入产出模型分析》，东南大学论文，2012。

盛仲麟、何维达：《中国进出口贸易中的隐含碳排放研究》，《经济问题探索》2016 年第 9 期。

施陈晨、于凤光、徐寒：《欧盟白色证书机制研究和应用分析》，《建筑经济》2013 年第 11 期。

石敏俊、袁永娜、周晟吕等：《碳减排政策：碳税、碳交易还是两者兼之?》，《管理科学学报》2013 年第 9 期。

史姣蓉、廖振良：《欧盟可交易白色证书机制的发展及启示》，《环境科学与管理》2011 年第 9 期。

孙建卫、陈志刚、赵荣钦等：《基于投入产出分析的中国碳排放足迹研究》，《中国人口·资源与环境》2010 年第 5 期。

孙睿、况丹、常冬勤：《碳交易的"能源－经济－环境"影响及碳价合理区间测算》，《中国人口·资源与环境》2014 年第 7 期。

孙亚男：《碳交易市场中的碳税策略研究》，《中国人口·资源与环境》2014 年第 3 期。

孙作人、周德群、周鹏：《工业碳排放驱动因素研究：一种生产分解分析新方法》，《数量经济技术经济研究》2012 年第 5 期。

谭娟、陈鸣：《基于多区域投入产出模型的中欧贸易隐含碳测算及分析》，《经济学家》2015 年第 2 期。

唐方方、李金兵、姜超等：《中国的节能量交易机制设计》，《节能与环保》2010 年第 12 期。

唐建荣、李烨啸：《基于 EIO－LCA 的隐性碳排放估算及地区差异化研究——江浙沪地区隐含碳排放构成与差异》，《工业技术经济》2013 年第 4 期。

陶小马、杜增华：《欧盟可交易节能证书制度的运行机理及其经验借鉴》，《欧洲研究》2008 年第 5 期。

陶小马、周雯：《中国地区工业部门二氧化碳排放量及碳排放约束下全要素生产率测算》，《技术经济》2012 年第 9 期。

涂正革：《中国的碳减排路径与战略选择——基于八大行业部门碳排放量的指数分解分析》，《中国社会科学》2012 年第 3 期。

王长建、张小雷、张虹鸥等：《基于 IO-SDA 模型的新疆能源消费碳排放影响机理分析》，《地理学报》2016 年第 7 期。

王锋、吴丽华、杨超：《中国经济发展中碳排放增长的驱动因素研究》，《经济研究》2010 年第 2 期。

王会芝：《交通能源消费碳排放情景预测研究》，《干旱区资源与环境》2016 年第 7 期。

王俊岭、张新社：《中国钢铁工业经济增长、能源消耗与碳排放脱钩分析》，《河北经贸大学学报》2017 年第 4 期。

王丽琼：《基于 LMDI 中国省域氮氧化物减排与实现路径研究》，《环境科学学报》2017 年第 6 期。

王思强、关忠良、田志勇：《基于 Excel 表的 RAS 方法在投入产出表调整中的应用》，《生产力研究》2009 年第 9 期。

王旭：《基于生产流程的我国水泥工业碳减排潜力分析》，《中国管理信息化》2015 年第 1 期。

王扬雷、杜莉：《我国碳金融交易市场的有效性研究——基于北京碳交易市场的分形理论分析》，《管理世界》2015 年第 12 期。

王媛、王文琴、方修琦等：《基于国际分工角度的中国贸易碳转移估算》，《资源科学》2011 年第 7 期。

吴贤荣、张俊飚：《中国省域农业碳排放：增长主导效应与减排退耦效应》，《农业技术经济》2017 年第 5 期。

吴英姿、都红雯、闻岳春：《中国工业碳排放与经济增长的关系研究——基于 STIRPAT 模型》，《华东经济管理》2014年第 1 期。

熊灵、齐绍洲、沈波：《中国碳交易试点配额分配的机制特征、设计问题与改进对策》，《社会科学文摘》2016 年第 7 期。

徐成龙、任建兰、巩灿娟：《产业结构调整对山东省碳排放的影响》，《自然资源学报》2014 年第 2 期。

徐国泉、刘则渊、姜照华：《中国碳排放的因素分解模型及实证分析：1995~2004》，《中国人口·资源与环境》2006年第 6 期。

徐如浓、吴玉鸣：《长三角城市群碳排放、能源消费与经济增长的互动关系——基于面板联立方程模型的实证》，《生态经济》2016 年第 12 期。

许广月、宋德勇：《中国碳排放环境库兹涅茨曲线的实证研究——基于省域面板数据》，《中国工业经济》2010 年第 5 期。

闫云凤：《全球碳交易市场对中国经济—能源—气候系统的影响评估》，《中国人口·资源与环境》2015 年第 1 期。

杨志、陈波：《碳交易市场走势与欧盟碳金融全球化战略研究》，《经济纵横》2011 年第 1 期。

杨子晖：《经济增长、能源消费与二氧化碳排放的动态关系研究》，《世界经济》2011 年第 6 期。

叶懿安、朱继业、李升峰等：《长三角城市工业碳排放及

其经济增长关联性分析》，《长江流域资源与环境》2013 年第
3 期。

　　叶震：《投入产出数据更新方法及其在碳排放分析中的应
用》，《统计与信息论坛》2012 年第 9 期。

　　于楠、杨宇焰、王忠钦：《我国碳交易市场的不完整性及
其形成机理》，《财经科学》2011 年第 5 期。

　　袁富华：《低碳经济约束下的中国潜在经济增长》，《经济
研究》2010 年第 8 期。

　　袁泽、李琦：《基于 LCA 的工业过程碳排放建模和环境评
价》，《测绘科学》2017 年第 5 期。

　　张懋麒、陆根法：《碳交易市场机制分析》，《环境保护》
2009 年第 2 期。

　　张巧良、丁相安、宋文博：《碳税与碳排放权交易政策微
观经济后果的比较研究》，《商业会计》2014 年第 17 期。

　　张为付、杜运苏：《中国对外贸易中隐含碳排放失衡度研
究》，《中国工业经济》2011 年第 4 期。

　　张益纲、朴英爱：《世界主要碳排放交易体系的配额分配
机制研究》，《环境保护》2015 年第 10 期。

　　张友国：《经济发展方式变化对中国碳排放强度的影响》，
《经济研究》2010 年第 4 期。

　　张臻、刘金兰、陈立芸等：《节能低碳视角下的我国工业
行业效率》，《江淮论坛》2015 年第 4 期。

　　赵黎明、殷建立：《碳交易和碳税情景下碳减排二层规划

决策模型研究》，《管理科学》2016 年第 1 期。

赵霞、朱林、王圣：《欧盟温室气体排放交易实践对我国的借鉴》，《环境保护科学》2010 年第 1 期。

赵晓梦、刘传江：《节能减排约束下全要素生产率再估算及增长动力分析——基于长江经济带数据的研究》，《学习与实践》2016 年第 8 期。

赵志耘、杨朝峰：《中国碳排放驱动因素分解分析》，《中国软科学》2012 年第 6 期。

赵智敏、朱跃钊、汪霄等：《浅析构建中国碳交易市场的基本条件》，《生态经济》2011 年第 4 期。

郑婕、张伟、王加平：《节能量交易机制研究综述》，《科技管理研究》2015 年第 7 期。

中国投入产出学会课题组：《国民经济各部门水资源消耗及用水系数的投入产出分析——2002 年投入产出表系列分析报告之五》，《统计研究》2007 年第 3 期。

朱玲玲：《中国工业分行业碳排放影响因素研究》，哈尔滨工业大学硕士学位论文，2013。

朱启荣：《中国外贸中虚拟水与外贸结构调整研究》，《中国工业经济》2014 年第 2 期。

Ang B. W., Choi K. H., "Decomposition of Aggregate Energy and Gas Emission Intensities for Industry: A Refined Divisia Index Method", *Energy*, 1997 (3).

Ang B. W., Zhang F. Q., Choi K. H., "Factorizing Changes

in Energy and Environmental Indicators through Decomposition", *Energy*, 1998 (6).

Ang B. W. , Zhang F. Q. , "A Survey of Index Decomposition Analysis in Energy and Environmental Studies", *Energy*, 2000 (12).

Bertoldi P. , Huld T. , "Tradable Certificates for Renewable Electricity and Energy Savings", *Energy Policy*, 2006, 34 (2).

Bertoldi P. , Rezessy S. , Lees E. , et al. , "Energy Supplier Obligations and White Certificate Schemes: Comparative Analysis of Experiences in the European Union", *Energy Policy*, 2010 (3).

Bicknell K. B. , Ball R. J. , Cullen R. , et al. , "New Methodology for the Ecological Footprint with an Application to the New Zealand Economy", *Ecological Economics*, 1998 (2).

Boyd G. A. , McDonald J. F. , Ross M. , et al. , "Separating the Changing Composition of US Manufacturing Production from Energy Efficiency Improvements: A Divisia Index Approach", *Energy*, 1987 (2).

Broc J. S. , Osso D. , Baudry P. , et al. , "Consistency of the French White Certificates Evaluation System with the Framework Proposed for the European Energy Services", *Energy Efficiency*, 2011 (3).

Chen W. Y. , "The Costs of Mitigating Carbon Emissions in China: Findings from China MARKAL - MACRO Modeling",

Energy Policy, 2005 (7).

Cong R. G., Wei Y. M., "Potential Impact of (CET) Carbon Emission Trading on China's Power Sector: A Perspective from Different Allowance Allocation Options", *Energy*, 2010 (9).

Criqui P., Mima S., Viguir L., "Marginal Abatement Cost of CO_2 Emission Reductions, Geographical Flexibility and Concrete Ceilings: An Assessment Using POLES Model", *Energy Policy*, 1999 (10).

Dietz T., Rosa E. A., "Rethinking the Environmental Impacts of Population, Affluence And Technology", *Human Ecology Review*, 1994 (1).

Eyre N., "Energy Saving in Energy Market Reform: The Feed-in Tariffs Option", *Energy Policy*, 2013 (1).

Garnaut R., *The Garnaut Climate Change Review*, Cambridge University Press, 2008.

Ghosh A., "Input-output Approach in an Allocation System", *Economica*, 1958 (97).

Giraudet L. G., Bodineau L., Finon D., "The Costs and Benefits of White Certificates Schemes", *Energy Efficiency*, 2012 (2).

Hoekstra R., van der Bergh J. J. C. J. M., "Comparing Structural and Index Decomposition Analysis", *Energy Economics*, 2003 (1).

Howarth R. , Schipper L. , Duerr P, et al. , "Manufacturing Energy Use in Eight OECD Countries: Decomposing the Impacts of Changes in Output of Industry Structure and Energy Intensity", *Energy Economics*, 1991, 13 (2).

IPCC, IPCC Guidelines for National Greenhouse Gas Inventories, Hayama: IGES for the IPCC, 2006.

Jacoby H. D. , Ellerman A. D. , "The safety Valve and Climate Policy", *Energy Policy*, 2004 (4).

Junius T. , Oosterhaven J. , "The Solution of Updating or Regionalizing a Matrix with Both Positive and Negative Entries", *Economic System Research*, 2003 (1).

Kaya Y. , "Impact of Carbon Dioxide Emission on GNP Growth: Interpretation of Proposed Scenarios", Paris: Presentation to the Energy and Industry Subgroup, Response Strategies Working Group, IPCC, 1989.

Lee C. F. , Lin S. J. , Lewis C. , et al. , "Effects of Carbon Taxes on Different Industries by Fuzz Goal Programming: A Case Study of the Petrochemical-Related Industries, Taiwan", *Energy Policy*, 2007 (8).

Marland G. , Boden T. A. , Griffin R. C. , et al. , "Estimates of CO_2 Emissions from Fossil Fuel Burning and Cement Manufacturing, Based on the United Nations Energy Statistics and the US Bureau of Mines Cement Manufacturing Data", ORNL/

CDIAC - 25, Oak Ridge National Laboratory, 1989.

Matthews H. S. , Hendrickson C. T. , Weber C. L. , "The Importance of Carbon Footprint Estimation Boundaries", *Environmental Science & Technology*, 2008 (16).

Mundaca L. , "Markets for Energy Efficiency: Exploring the Implications of an EU-wide 'Tradable White Certificate' Scheme", *Energy Economics*, 2008 (6).

Nordhaus W. D. , "The Cost of Slowing Climate Change: A Survey", *Energy Journal*, 1991 (1).

Oikonomou V. , Jepma C. , Becchis F. , et al. , "White Certificates for Energy Efficiency Improvement with Energy Taxes: A Theoretical Economic Model", *Energy Economics*, 2008 (6).

Okada A. , "International Negotiations on Climate Change: A Noncooperative Game Analysis of the Kyoto Protocol", in Avenhaus R. , Zartman I. W. , *Diplomacy Games- Formal Models and International Negotiation*, Berlin: Springer Publisher, 2007.

Park S. H. , "Decomposition of Industrial Energy Consumption: An Alternative Method", *Energy Economics*, 1992 (4).

Peters G. P. , Hertwich E. G. , "CO_2 Embodied in International Trade with Implications for Global Climate Policy", *Environmental Science & Technology*, 2008 (5).

Peters G. P. , Weber C. L. , Guan D. , et al. "China's Growing CO_2 Emissions: A Race between Increasing Consumption and

Efficiency Gains", *Environmental Science & Technology*, 2007, 41 (17).

Porter M. E. , "America's Green Strategy ", *Scientific American*, 1991 (1).

Rohde C. , Rosenow J. , Eyre N. , et al. , "Energy Saving Obligations: Cutting the Gordian Knot of Leverage?", *Energy Efficiency*, 2015 (1).

Shrestha R. M. , Timilsina G. R. , "Factors Affecting CO_2, Intensities of Power Sector in Asia: A Divisia Decomposition Analysis", *Energy Economics*, 1996 (4).

Stone R. , Brown A. , A Computable Model of Economic Growth, Cambridge: Cambridge University Press, 1962.

Torvanger A. , " Manufacturing Sector Carbon Dioxide Emissions in Nine OECD Countries, 1973 –87: A Divisia Index Decomposition to Changes in Fuel Mix, Emission Coefficients, Industry Structure, Energy Intensities and International Structure", *Energy Economics*, 1991 (3).

Vine E. , Hamrin J. , " Energy Savings Certificates: A Market-based Tool for Reducing Greenhouse Gas Emissions ", *Energy Policy*, 2008 (1).

Wang C. , Chen J. N. , Zou J. , "Decomposition of Energy-related CO_2 Emission in China", *Energy*, 2005 (1).

Wang C. , " Decomposing Energy Productivity Change: A

Distance Function Approach", *Energy*, 2007 (8).

Weber C. L. , Peter G. P. , Guan D. , et al. , "The Contribution of Chinese Exports to Climate Change", *Energy Policy*, 2008 (9).

Wu L. , Kaneko S. , Matsuoka S. , "Driving Forces Behind the Stagnancy of China's Energy-Related CO_2 Emissions from 1996 to 1999: The Relative Importance of Structural Change, Intensity Change and Scale Change", *Energy Policy*, 2005 (3).

后 记

　　本书由笔者发表于《中国工业经济》《系统工程》《生态经济》《开放导报》《中国社会科学报》等多个刊物的系列独著文章，经过整理、修改和大幅扩充得到，是对笔者执行低碳经济研究相关的国家、省和院属基金课题成果的集中展现。

　　笔者涉足低碳经济的研究起始于2010年，当时笔者正处于研究领域的"转型"期，作为一个环境科学理工类研究人员转入传统的规范经济学研究领域，亟须寻觅一个"转型"的跳板与桥梁，低碳经济自身所具备的交叉学科属性吸引了笔者驻足。应当说，最初选择这一研究领域，很多出于相对于经典的环境污染和问题分析，碳排放显得看不见、摸不着，自由度很高，只要能自圆其说，总能走出一条路来。然而真正深入这一领域研究，才发现这个非典型环境污染问题统计数据不多、研究人员却不少，研究技术也趋于完善，既然没有统计上权威的定论，无论是基础的核算还是更复杂的结构分析，做起来更要接受很多同行研究者挑剔的检视。加之"历史沉淀"薄弱，笔者在很长一段时间处于空有技术套路但疑虑是否有基础性问题、结论是否符合通行结果的状态，经过谨慎的反复琢磨，终于在2012年发表了低碳经济领域的第一篇论文，虽然现在看来那篇论文的很多结论需要很大的推敲与变动，但总算是走出了第一步。

2010年底，笔者有幸在首次申报省社科基金项目中即以碳排放预测方面的选题中标，这使笔者从多个"转型"领域方向的选择中坚定了对低碳经济开展深入研究的信心。2012年，在觉得初步积淀已经有所眉目的情况下，笔者开始申报低碳经济方向的国家社科基金项目，当时院领导对笔者申报书初稿的修改提点"最重要的是两个问题——部门责任如何界定以及低碳转型的成本怎么应对"。对此笔者至今依然历历在目，并促使我最终形成了部门碳转移和成本分担方面的选题。经历2012年、2013年两次申报，笔者在偏模型技术改进方面的申报书终于在应用经济学方向得偿所愿，而政策规制方面的相关申报则在2013年同年再次成功申请到湖南省社科基金。可以说，这几年笔者在低碳经济方面的研究从如履薄冰慢慢到渐入佳境，很大程度上受益于这些基金资金的支持和结项的督促。

在理论研究的同时，笔者也开始尝试将相关的研究成果转化到政策咨询和决策影响方面，得益于省相关部门主要领导的信赖与支持，笔者在湖南省清洁低碳技术推广方面的规划方案及机制研究方面进行了一些应用型探索，由于理论研究与智库应用方面话语体系的迥异，目前看来虽然取得了不少肯定和成绩，但这条学以致用的道路走得并不轻松。

2018 年 3 月末，经过整理，笔者将近几年来的成果梳理为国家社科基金的结项报告，在 8 月初通过并鉴定为良好等级。这既是对笔者的鼓励，也说明目前的研究仍存在许多待深入和提升的空间。正如本书文末所提到的，中国碳排放的演变规律与中国经济大周期、产业转型进度息息相关，在经济周期变化和碳排放总量曲线的前拐点期，中国碳排放将会涌现出与以往历史可能大相径庭的新特征、新规律，气候变化经济学也将是未来相当长一段时期内的研究热点，无论是碳排放研究本身还是相应学科的发展，都有待于我们这些相关研究者进一步的探索与坚持。

杨顺顺

湖南省社会科学院

2018 年 10 月于长沙　德雅村

图书在版编目（CIP）数据

中国碳排放：区域分异、部门转移与市场衔接／杨
顺顺著． -- 北京：社会科学文献出版社，2018.11
　ISBN 978 - 7 - 5201 - 3784 - 3

　Ⅰ.①中… 　Ⅱ.①杨… 　Ⅲ.①二氧化碳 - 排气 - 研究
- 中国 ②节能 - 经济发展 - 研究 - 中国 　Ⅳ.①X511
②F124

　　中国版本图书馆 CIP 数据核字（2018）第 256624 号

中国碳排放：区域分异、部门转移与市场衔接

著　　者／杨顺顺

出 版 人／谢寿光
项目统筹／邓泳红　吴　敏
责任编辑／吴　敏

出　　版／社会科学文献出版社·皮书出版分社（010）59367127
　　　　　　地址：北京市北三环中路甲 29 号院华龙大厦　邮编：100029
　　　　　　网址：www. ssap. com. cn
发　　行／市场营销中心（010）59367081　59367083
印　　装／天津千鹤文化传播有限公司

规　　格／开　本：787mm×1092mm　1/16
　　　　　　印　张：16. 25　字　数：185 千字
版　　次／2018 年 11 月第 1 版　2018 年 11 月第 1 次印刷
书　　号／ISBN 978 - 7 - 5201 - 3784 - 3
定　　价／69. 00 元

本书如有印装质量问题，请与读者服务中心（010 - 59367028）联系